인도 아쌈에 취하고 마줄리에 빠지다

문명을 탐내지 않는 이들의 낙원

인도 아쌈에 취하고 마줄리에 빠지다

문명을 탐내지 않는 이들의 낙원

오월 김영자 지음

이담 Books

프롤로그

홍차의 고향 인도 아쌈(Assam) 주에 천년고도(千年古都)의
신비를 간직한 곳이 있다. 원초적인 자연의 법칙이 남아있는,
문명에 물들지 않은 땅이 있다.
원시림과 전통 가옥이 그대로 보존되어 있는 곳. 야생동물과 희
귀새들의 낙원. 거대한 강줄기로 이어지는 천혜의 청정지역이
남미의 아마존과 닮았다 해서 인도의 아마존이라 불리는 아쌈
마줄리 섬(Majuli island)이다.

india

없는 것 빼놓고는 다 있다는 인도지만 동북부 변방에 있는 마줄리 섬은 없는 것보다는 있는 것을 찾아야 할 것 같다.

그런데도 주민들은 개발이 뭔지를 모른다. 집이 부서지면 고치고, 비가 너무 와서 도로가 파헤쳐지면 보수하고, 고작해야 다리를 놓는 공사를 개발이라고 생각한다.

대부분의 아시아 나라를 가보면 개발이라는 거창한 미명하에 산천이 변해가고 있다. 오직 그것만이 주민들이 살길이라고 외친다. 오랫동안 땅을 지키고 있던 스위트 홈은 이미 자연의 기운을 잃어버린 지 오래다. 더 이상 숨을 쉬는 곳이 못된다. 여행자들이 내 집을 떠나 제대로 숨 쉴 자리를 찾아가는 것은 당연하다 하겠다.

여행 역시 사람이 움직이는 것이다. 사람이 하는 일 중에 본질은 변하지 않는 것이 있다. 두 발을 들여놓고서야 깨달았다. 왜 그 섬이 유럽인들에게 사랑받고 있는지를… 그들이 우리보다 잘나서가 아니다. 본질을 먼저 알았다고나 할까.

길에서 만난 세상과 그 속의 사람들이 나에게 주는 의미가 바로 그것이었다. 세상은 변해도 인간의 본질은 변하지 않는다는 진리를…

그렇다면 개발되지 않은 자연스러운 모습이 인간 본연의 모습이 아닐까. 힘들어도 오지를 찾는 이유는 흙과 나무를 닮은 사람들의 모습을 만날 수 있다는 기대감 때문이다.

누구나 타임머신을 타고 시간을 과거로 되돌려 살 수는 없다.

여행을 통해서 옛 모습을 간직한 사람, 부족하나마 자연을 접하는 사람들을 만날 수 있겠다.

오지 여행이라고 해서 굳이 집채만 한 배낭을 메고 알피니스트가 신는 발목 등산화를 신어야만 되는 것은 아니다. 생생한 자연과 접하며 순박한 주민들과 친구가 되어, 쉬면서 즐기는 편안한 쉼터면 족하다.

식구들이 묻는다, 이번에도 인도냐고. 왜 똑같은 곳을 자꾸 가냐고 한다. 뭐라고 말해야 할까. "아쌈 주를 가는데 거긴 조금 달라요." 이건 너무 구태의연한 대답이다. 한국의 33배나 되는 땅과 28개 주로 되어 있는 다문화적인 인도를 우리네 개념으로는 이해하기 어려운 것이 당연하다.
살다 보면 문득 아득한 동심이 그리워질 때가 있다. 그럴 때면 아지랑이처럼 내 마음속에 그리던 밑그림이 떠오른다. 그림 속에는 어릴 적 향수 같은 아쌈이 펼쳐져 있었다.

꿈이 별건가. 지나고 나서 보니까 여행 역시 꿈의 한 부분이었다. 나는 늘, 누군가 날 기다리고 있을 거라고 주문을 외우고 있었다. 나무들이, 새들이 혹은 동물들이 날 기다리고 있지 않을

까 허무맹랑한 상상을 하곤 했다. 나도 모르는 사이 더 인간적이고 자연적인 모습을 간직하고 있는 그런 세상의 꿈을 꾸고 있었는지도 모른다. 디지털 세상에서 살지만 아날로그 방식의 세상이 그리워졌는지도 모른다. 초현대식 음식점에 들어가서 전통 음식을 고집하는 경우와 같은 것이다.

조바심이 일어난 나는 잠시 일상의 속도를 늦추고 그 섬을 찾아 나서기로 했다. 호기심이 변덕을 부려 귀찮음으로 되기 전에 컴퓨터 자판기에 손을 얹었다. 부리나케 인도행 비행기 티켓을 예약했다.

갠지스 강으로 이어지는 아쌈의 동맥, 거대한 브라마푸트라(The brahmaputra)강의 한가운데 솟아 있는 세계에서 제일 큰 강의 섬, 마줄리. 그 속에 숨어 있던 속살이 하나씩 벗겨질 때마다 짜릿한 전율을 느낄 것이다.

지금으로부터 수백 년 시간을 거스른 땅, 문명을 등진 섬사람들의 생생한 현장으로 여러분을 안내합니다. 그럼, 아마존 루트를 따라 지구촌 감동의 휴먼 드라마를 펼쳐 볼까요!

Contents

1. 하늘에서 꽃남들이 내려와

장동건

보는 순간 숨이 멎는 듯했다. 정신이 혼미해지고 아찔해졌다. 가슴까지 콩닥콩닥 뛰고 있었다. 어디서 자주 보던, 눈에 익은 모습이다. 그런데, 그 남자가 왜 여기에 있을까. 아니다. 내가 잘못 본 것이다. 정신을 가다듬고 한 번 더 살펴본다. 위아래로 훑어보아도 게이(gay)는 아니었다. 그렇다! 조각남 장동건이었다.

도(道) 닦는다고 하는 사람이 이렇게 예쁘고 멋질 수가! 혹시 관광객을 위한 전시용은 아닐까. 상상은 멋대로 머릿속에서 나래를 펼쳤다. 내 눈은 여전히 그를 쫓아가고 있었다. 나도 모르게 입에서는 탄식의 소리가 흘러 나왔으리라. 어머나… 어머나….
아마도 입만 헤~ 벌리고 있었을 거다. 그는 나의 주체 못하는 오버 액션이 쑥스러운지 씩, 웃고 만다.
예쁜 남자들이 하나둘 모여 들기 시작했다. 아시아 잡지에서 방금 튀어나온 것 같은 남자들이 서 있었다.

_ 수도사

외국 여성이 무작정 들이닥치니까 신기한가 보다. 어느새 나는 꽃남으로 둘러싸였다.

상대가 "하이!" 인사한다. 나도 얼떨결에 "하이!" 답하는데 기어들어가는 모기 목소리를 내고 있는 것이었다. 평소 내 목소리가 아니었다. "어디서 왔어요?" "여행자예요?" "수도원 구경 왔어요?" 말을 트기 시작하면서 서로의 어색한 분위기는 다소 풀어졌다.

서로 자기들 방으로 가자고 한다. 짜이(Tea)를 대접하겠단다. 금녀(禁女)의 방일 텐데 하며 주춤대고 있는데 "깜(come), 깜" 손짓을 한다. 정신을 가다듬고 적극적으로 권하는 수도사 뒤를 쫓아갔다.

기숙사같이 길게 이어진 방 앞을 지나가는데 문이 열려 있어 자연스레 안을 들여다보게 되었다. 어두컴컴해서 어설피 기웃거려 봐서는 잘 보이지가 않는다. 앞서 가던 수도사가 나를 보더니 어서 오라고 재촉한다.

기숙사의 길이는 꽤 길었던 것 같다. 걸어가는데 입이 다 마른다. 수도사가 기거하는 방 앞에 다다랐을 때 복도 바닥에 풀썩 주저앉고 말았다. 냉수나 한 컵 들이켰으면 싶다.

십여 년 전 인도 여행에 첫 삽을 뜰 때다. 델리 간디 공항을 서둘러 빠져나오자마자 하리쟌(Harijan, 떠돌이)으로 둘러싸여 기절할 뻔했던 일이 있다. 그때를 생각하면 언제 그런 일이 있었냐는 듯 인도나 나나 세월을 실감한다.

엊그제 섬에 들어오려고 페리를 탔을 때도 그랬다. 콩나물시루 같은 선실 안에서 승객들하고 부대끼면서 과연 여행이 제대로 될까 짐짓 우울해져 있었다. 그런데 지금, 어떻게, 이런 믿을 수 없는 일이 일어나고 있단 말인가.

선착장에서 곧장 걷다보면 번화가 *카말라바리 시티를 만나게 된다. 여기서 다시 1km 정도 걷노라면 수백 년 시간을 초월한 *사뜨라(Satra, 수도원)가 자리 잡고 있다.

안으로 들어간 수도사가 짜이와 과자를 들고 나왔다. 그러더니 이따 저녁은 어디서 먹을 거냐고, 마땅한 데가 없으면 자기가 해 줄 테니 와서 먹으란다.
저녁 초대라니! 이게 꿈인가 생시인가 하고 내 허벅지를 꼬집어 보고 싶었다. 선뜻 대답을 못하고 우물쭈물 하고 있는 사이 뭐가 바쁜지 다시 안으로 들어간다.
'이런 데가 있다니, 아무리 생각해도 내가 귀신에 홀린 게 분명해.'
내 옆으로 여러 명의 장동건(!)이 지나가고 있다. 눈이 자꾸 그 쪽으로 돌아가면서 정신을 차려야겠다는 찰나, 그만 찻잔을 건 드려 짜이를 엎어버리고 말았다. 이런! 순간 식은땀이 흐른다. 수도사가 바닥을 닦고 있을 때, 인사를 하는 둥 마는 둥 후다닥 뛰쳐나와 버렸다.

숙소로 돌아와서도 한참 동안 진정되지 않는다. 입을 헤~ 벌리 고 있다 나도 모르게 침이라도 떨어뜨렸으면 어쩌나. 고맙다는 인사는 하고 나왔는지 생각이 잘 안 난다.
이제야 정신이 제대로 돌아온다. '너답지 않게 왜 그랬어!'
그 자리를 박차고 애써 빠져 나온 것만도 얼마나 다행인지 모른다.

짜이

＝＝
* 카말라바리 시티(Kamalabari city): 선착장에서 가장 가까운 번
   화가.
* 사뜨라(Satra): 아쌈의 수도원. 우타르 카말라바리 사뜨라
   (Uttar Kamalabari Satra), 1676년 세움.

이러 저래 주책없는 나를 생각하면 얼굴을 못 들겠다. 여행 초장부터 혼자서 좌충우돌이다. 이렇게 황홀했던 하루가 저물어간다 생각하니 못내 아쉬움뿐이다.

그래도 꽃보다 남자

밤새 잠을 설쳐서 그런지 눈꺼풀이 뻣뻣하다. 그렇다고 다시 잠이 올 리 없다. 억지로 누워 있으니 나가는 게 상책이다 싶어 채비를 서둘렀다. 그래도 다소 기분이 들떠 있는 걸 보면 뭔가 기대를 안고 있어서일 거다.

어느새 사뜨라(수도원) 메인 게이트를 향해 걷고 있는 나를 발견했다. 새벽안개가 걷히는 걸 보니 동이 트는 모양이다.
원래, 나의 아침 일정은 동네를 탐색해 보는 것이었다. 이럴 땐 혼자가 좋다. 내 마음대로 일정을 변경해도 뭐라고 할 사람이 없으니.
너무 이른 시간이라 경내로 들어가기가 망설여져 일단 게이트 기둥 돌계단에 앉았다. 누군가 아침 산책을 나오면서 이 앞을 지나갈 것이다. 입에서는 뭔지 모를 흥얼거림이 흘러나온다. 곡목

india

도 가사도 모르는 정체불명의 노래. 왠지 쑥스러워져 부르다 말 았다.

주위는 물을 뿌려 놓은 듯 적막한데 온갖 새들의 합창 소리가 새 벽의 정적을 깨우고 있었다. 드넓은 마당에는 열대야자수가 하 늘을 찌를 듯 뻗어 있고, 굵은 뱀부(Bamboo, 대나무)가지들이 꼿꼿이 기둥을 세우고 있었다.

물기 머금은 잎사귀가 고개를 한껏 쳐드니 계절 꽃들도 덩달아 싱그러운 향기를 뿜는다. 해가 뜨기 전에는 모든 생명체가 마음 껏 자신의 색을 발산한단다. 상큼한 아침을 맞는 나그네 기분도 덩달아 업(UP) 된다.

어디선가 꽃남 같은 수도사들이 불쑥 나타나 나를 반겨 줄 것만 같다. 그럴 땐 어떻게 해야 하나. 전날처럼 우왕좌왕하는 일이 없도록 다시 자세를 가다듬는다.

이런 구절이 생각난다. '하루 중 가장 멋진 일은 새벽 공기를 가르며 조깅 할 때'라고. 누군가 나를 보고,

"아니, 웬일이세요?" 하면 "산책하다 잠깐 쉬는 거예요."

이렇게 만나는 우연이란 정말 근사하겠다. 실없는 공상을 하며 시간을 보내고 있었다. 얼마나 지났을까, 슬슬 따분해지기 시작한다. 또, 조금은 부끄러운 생각이 든다. 이렇게 혼자 있는 모습이 마치 '작업녀'로 보일 것만 같았다. 얼굴이 붉어지기 시작하는 순간, 내처 밖으로 내달렸다. 숙소를 향해.

평소 아침잠이 거의 없는 나다. 그렇다고 이번처럼 아무런 대책도 없이 일찍 나가는 일은 좀처럼 없는 일이다. 지금 보니 아침형 인간이 나한테는 도움이 안 된다. 원래 계획대로 동네나 한 바퀴 돌고 올 걸.

그들은 어떤 일을 할까. 각자 맡은 바 일이 다르다고 했다. 하나같이 훤칠한 이유는 뭘까. 수도사를 뽑을 때 외모도 보나. 생각할수록 불가사의한 일투성이다. 다시 사뜨라 쪽으로 가 볼까 하는 유혹이 인다.

이탈리아 베네치아에서 뱃놀이 할 때, 우연히 마주친 유럽 수도사들과 닮았다. 그때도 멋진 외모에 홀려서 "어머! 어머!" 하다 배에 타고 있는 일행들에게 눈총을 받은 일이 있다.

"정신 차리세요! 우리까지 물에 빠지겠어요."

가만, 사뜨라 수도사들이 정말 순수 인도인인지 궁금하다. 저녁 먹으러 오라고 했으니까 만나야 할 구실은 남아 있는 셈이다. 당장 가면 꼭 먹으러 가는 사람 같으니까 며칠이 지난 다음 가봐야지. 그때 가서 찬찬히 얼굴을 훔쳐봐야겠다.

마음 한편으로는 찔리는 구석이 있다. 첫인상부터 멀쩡한 사람을 게이로 보더니 이제는 혈통까지 의심하려 든다.

그러나 그들을 다시 볼 수 있다는 희망에 기분은 다시 들뜨고 있었다. 생각할수록 설레고 좋아서 그냥 히죽히죽 웃음만 나온다.

_사원 기숙사

춤의 신들

*사뜨라는 신*에게 예배를 드리는 성소이자 수도사들이 거주
하는 수도원이다. 그곳에는 아주 오래 전부터 *힌두교 3신(神)
중에 하나인 비슈누에게 드리는 *사뜨라 춤(Sattriya dance)이
자리 잡고 있었다.

수도사 중에는 퍼포먼스만 하는 아티스트 팀이 따로 있다. 그들
은 어렸을 때부터 춤과 악기, 노래에 갈고닦은 만능 엔터테이너
들이다. 마줄리의 아이콘으로 대표되는 사뜨라 문화코드의 주
인공들이다.

매일 밤 그들의 춤판이 열린다니 구경 한번 해 볼까. 나이트 타
임은 아홉 시 삼십 분. 나는 손전등을 들고 사뜨라 메인 홀(Hall)
로 향한다.

_메인 홀

쿵다다 당당~ 쿵다다 당당~, 쨍그렁 쨍쨍~ 쨍그렁 쨍쨍~, *콜
(드럼)과 심벌즈(꽹과리)끼리 맞부딪치는 금속의 쇳소리가 밤
하늘에 울려 퍼지고 있었다.

_ 네게라, 콜

_ 플루드, 하모늄

점점 커지는 콜 소리에 걸어가는 내 어깨도 살짝 들썩거려진다.
문도 열기도 전에 꽹과리에서 뿜어 나오는 소리가 요란했다. 고
수들만 나를 흘긋 쳐다보고는 다시 북판을 두드린다. 마치 불꽃
이라도 튀길 듯하다. *네게라(작은 북 두 개)를 두드리고 있는
양손도 흥에 겨워 방방 뛰고 있었다. 손동작이 보이지 않을 정도
로 어지럽다. 붕~ 부~웅 하는 *하모늄(Harmonium) 반주가 주
체 못 하는 네게라를 진정시켜준다.
스토리가 있는 춤판이 한창 진행되고 있는 중이다. 인도 고대 서
사시에 나오는 *신화를 춤으로 해석한 것이다. 신을 만나러 가
는 길에 갖은 고초 끝에 악마를 물리친다는 줄거리다. *8자형을

만들어내는 독특한 다리춤이 선보이는 파트. 사뜨라 춤만이 가
지고 있는 독특한 춤사위다.

한국의 아이돌 그룹 '슈퍼 주니어(Super Junior)'처럼 단원 열세
명이 한 그룹이다. 가끔 한두 명이 빠지는 것까지도 닮았다.

하모늄의 중후한 연주와 솔로의 노래는 스토리에 따라 약했다
커졌다, 때론 비장했다 다시 애절하게 흘러간다. 춤꾼들의 변신
에 그림자도 그대로 따라 한다. 자세한 내용은 몰라도 붉으락푸
르락 하는 표정이 재미있어서 흥미롭게 보고 있을 때였다. 순간,
내 눈에서 스파크가 일어나서 카메라고 뭐고 팽개치고 눈을 똑
바로 뜨고 있었다. 불과 1~2초의 정지 화면이지만 숨소리도 멎
는 듯했다. 머리를 땅에 박고 몸 전체를 거꾸로 세우는 *프리즈
(Frieze) 동작이다. 일명 물구나무서기. 이건 '비 보이(B-Boy)'
나 할 수 있는 고난도 동작이다. 화려한 개인기를 자랑하는 하
이라이트 부분이다.

이미 한국 TV에서 봐온 터라 새삼스럽다 할 것까지는 없는데도
눈앞에서 직접 보고 있으니까 행여 정지 순간에 몸을 못 가누면
어쩌나 조마조마했다.

이것으로 한 편의 드라마는 끝을 내렸다. 춤을 추면서 역할 연기
까지 해야 하는 30분짜리 메인 프로그램이다.

다음은 *양손에 꽹과리와 콜을 들고 온몸을 바쁘게 놀리는 놀이
패 춤 순서다. 분위기를 바꿔서 흥을 돋우는 파이널 라운드다.
우리네 장구춤으로 보면 되겠다. 예행이 아닌 본 무대라면 관중
과 하나가 되는 자리라 할 수 있다. 여기선 관중 대신 내 카메라

가 한마음이 되어 분위기를 달궜다.

그러니 리듬에 맞춰 내 카메라도 정신없이 돌려야 하니까 스페
어 건전지 하나 가지고는 부족했다. 포커스 맞추랴, 건전지 갈아
끼우랴. 후다닥 찍으려니 몸만 부산스러웠다.

연습을 거듭하다 보면 두 시간을 훌쩍 넘기게 된다. 드디어 춤
판이 끝났나 보다. 가쁜 숨소리만 들린다. 실내 공기가 후덥지
근하다.

짝짝짝짝! 짝짝짝짝!

"브라보! 브라보!"

내 손바닥과 목소리만큼은 열광의 도가니었다.

🐚 Khol(콜, 장구) 춤

춤꾼들의 후끈 달아오른 온몸은 땀으로 뒤범벅 되다시피 했다. 몇몇은 물을 마시면서 가쁜 숨을 달래고 있고 바닥에 벌렁 누워 버리는 춤꾼도 있었다.

그들은 프랑스 파리의 한 단체로부터 초청을 받아 매일 연습에 열을 올리고 있는 중이었다. 이미 그쪽의 기획자가 와서 사진도 찍고 인터뷰 한 내용이 계간 잡지에 기재된 것을 보았다. 마줄리가 어디인데 지구의 반대편인 프랑스까지 간단 말인가. 해외로 가는 퍼포먼스인 만큼 날마다 강행군을 하는 수밖에 도리가 없다. 하루 세 번 연습량이면 무쇤들 버틸까.

춤꾼들의 나이는 한창 때인 20대다. 이 시기가 지나면 보이 그룹(!)에서 탈퇴를 하거나 손을 놓는다. 경력에 따라 후배들을 위한 지도자가 되거나 악기를 다루는 자리로 옮겨 앉는다.

내가 떠난 후에도 이들은 막바지 연습에 박차를 가할 것이다. 날짜를 보니까 내가 집으로 돌아갈 즈음, 파리에서는 퍼포먼스가 한창 진행 중일 때다. 부디 성공리에 공연을 마치기를….

🌿 프랑스 잡지에 소개된 모습

* 힌두교 3 신(神): 브라마(Brahma), 시바(Siva), 비슈누(Vhisnu).
* 사뜨라 춤(Satriya dance): 사뜨라만이 가지고 있는 독특한 춤 형태.
* 콜(Khol, 드럼)과 심벌즈(Cymbals): 한국의 장구와 꽹과리와 비슷.
* 네게라(Nagara): 타블라랑 비슷. 크기가 다른 작은 북 두 개.
* 하모늄(Harmonium): 바람을 내보내어 소리를 내는 건반 악기, 아코디언과 닮은 꼴.
* 신화: 마하바라타(Mahabharata)와 라마야나(Ramayama), 산스크리트에 나오는 대서사시.
* 8자형: 사뜨리야 댄스 엔 뮤직(Sattriya dance & music)의 한 형태.
* 프리즈 동작(Frieze): 마티 어카라(Mati akhara)라고 함. 물구나무서기.
* 양손에… : 거얀 버얀(Gayan bayan)이라고 함. 7인의 콜(장구)춤.

메인 게이트

사쯔래수도원1로 들어가는 메인 게이트는 누가 봐도 한눈에 알 수 있다. 서쪽을 향한 기둥에는 새끼를 안은 큰 물고기가 양쪽으로 자리를 잡고 있는데, 생명의 근원인 어머니가 계시는 곳이니 조심하라, 는 뜻인 것 같다. 수호신 역할을 하는 일종의 대문이다. 어쩌면 내방자한테는 함부로 행동하지 말라는 경고의 메시지일지도 모른다. 표현은 독특하고 표정은 재미있다. 주로 사자상이지만 코끼리나 호랑이, 물고기, 악어 문양

_메인 게이트

도 들어 있다.

나가거나 들어갈 때 반드시 통과해야만 하는 길목이다. 널따란 지붕이 받쳐주고 있어서 비 올 때나 햇살이 따가운 오후에는 쉬었다 가기에 안성맞춤이다. 음료자판기는 없어도 아무나 들락날락할 수 있는 휴게소다.

여기만 오면 설레면서도 살짝 긴장이 된다. 맨 처음에 수도사를 만난 곳이기 때문이다. 그렇다고 아무 때나 볼 수 있는 건 아니다. 꽃남 감상도 날씨 운이 따라줘야 한다. 비 오는 날은 누구 한 사람 나와 있기는커녕 일반인도 서둘러 지나가기 바쁘다. 날빛 좋은 오후에 보면 십여 명이 담소를 나누는 걸 볼 수 있다. 자기들끼리 무슨 할 말이 많은지 이야기가 길어질 때도 있다.

이럴 땐 카메라로 누구를 어떻게 찍어야 할지 행복한 고민에 빠지게 된다. 보통은 카메라에 익숙해져 있어서 이방인의 과한 실례를 봐주는 편이다.

수도사를 처음 보았을 때 여자인지 남자인지 분간이 안 됐었다. 치렁치렁한 머리를 허리까지 늘어뜨린 걸 보면 영락없는 여자였으니까. 이러니 처음 봤을 때 그들을 게이로 오해한 게 무리가 아니었던 것이다. 하나로 묶어 올려붙인 머리를 보면 정말 헷갈렸다. 남자가 여장한 줄로, 아니 여자가 남장한 줄 알았다.

까무잡잡한 피부에 이목구비가 뚜렷하고 턱에서 이마까지 3등분으로 균형이 잡힌 얼굴이다. 아마 한국의 성형의사가 보면 모델제의를 했을지도 모를 일이다.

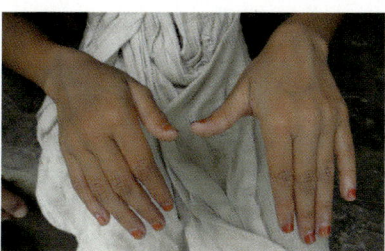

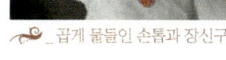
곱게 물들인 손톱과 장신구

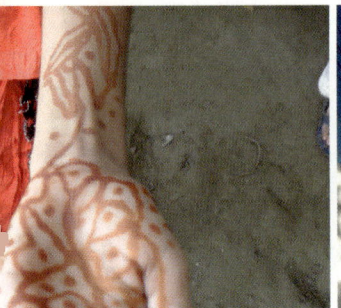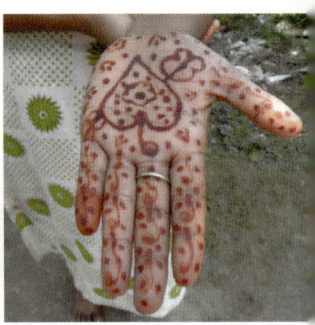

_ 문신(헤나)을 한 모습. 시간이 지나면 서서히 지워진다.

한술 더 떠 사방에 액세서리 달았지, 손발톱에 물들였지, 더러는 팔뚝에 문신까지. 심지어 머리에 꽃핀을 꽂은 수도사도 있었으니 누군들 남자로 보겠는가. 여자인 나도 그렇게 못 해본 코디다.

*헤나(문신)는 종교의 한 부분으로 보는 경향이 있다. 조폭의 등판에 그려진 용 문신만 아니면 멋 부리기 추천 영순위에 올려놓고 싶다.

순백색의 유니폼을 입어야 하는 것 말고는 어떤 치장도 무관하다. 수염이 있는 걸 보면 남자가 확실하다. 수염의 형태도 나름의 캐릭터가 있었다.

보다 더 '남자다'라는 구분은 가끔 경내에서 웃통을 벗고 있을 때 판가름 난다. 언제부터 체력 단련을 했는지 복근들이 만만찮다. 보기 좋게 잡힌 근육에서는 빛이 났다. 그렇다고 미국 영화, 람보(Rambo)에 나오는 *실베스터 스탤론처럼 흘러간 타입은 전혀 아니다. 몸짱 스타 송승헌이나 권상우 정도는 되지 싶다. 섬에서는 패션 리더를 달린다 하는 사람들이다. 이러고 경내를 돌아다닐 때면 딱! 걸어 다니는 화보다. 아무데나 걸터앉아도 자세가 나온다.

카메라를 들이대면 알아서 각도를 맞춘다. 자동 초점에 자동 맞춤이다. 각자 나름의 포스를 가지고 있었다. *비쥬얼 쇼크(Visual shock)다.

영 수도사들

교복 입은 영 수도사

영 수도사(Young Bhakat)들 역시 일반 학생들하고 머리나 교복에서 구분이 된다. 이러니 어디서나 자연스레 눈에 띄게 마련이다. 길에서 여자 같은 예쁜 남자 아이들을 보면 다 수도사일 것 같은 착각이 들 정도였다.

한번은 길을 가다 미용 잡지에서 막 튀어나온 것 같은 영 수도사를 만났다. 한 방을 쓰는 어른이 날마다 머리를 빗겨준단다. 그 손은 마이더스 손인가 솜씨가 보통은 넘어 보였다.

얫지 있게 빗겨진 머리를 보니까 얼굴 정면이 보고 싶어졌다. 너무 예뻐서 뺨을 살짝 꼬집고 싶을 정도다. 얼굴은 girl, 몸은 boy!

카메라 앞에서도 프로 못지않다. 어느새 순정만화의 주인공 모드….

🐌 _도넛 머리

수도사들의 나들이는 CF 그 자체다. 도넛 머리에 *도띠(Dhoti),
무릎까지 내려오는 순백색 재킷을 휘날리면서 오토바이를 쌩쌩
몰고 메인 게이트를 빠져나가는 걸 상상해 보시라. 거기다 살인
미소라도 날리는 날이면!
타이밍만 제대로 맞추면 *발리우드 배우 뺨치는 킹카를, 서울에
서 김 서방 마주치듯 만날 수 있는 곳이다. 섬 전체를 통틀어서
오직 하나뿐인 유니크한 만남의 공간이다.

메인 게이트가 없었으면 꽃남들과의 인연도 만들어지지 않았을
것이다. 친교를 이어주는 다리, 일명 만남의 장소.

* 헤나(Henna): 메헌디, 문신, 아쌈 말로 제트카(Jetka).
* 실베스터 스탤론(Sylvester Stallone): (美)무비 스타 겸 영화감독.
* 비쥬얼 쇼크(Visual shock): 멋진 외모에 대한 비유.
* 도띠(Dhoti): 무릎까지 오는 남자들 바지 대용. 하나의 긴 천으로 양다리 사이를 감으면서 전체를 두 번 둘러 덮으
  면 마치 치마바지처럼 보임.
* 발리우드(Bollywood): 인도 뭄바이(Mumbai)의 옛 이름, 봄베이(Bombay)와 할리우드(Hollywood)의 합성어. 인도
  영화산업을 말한다. 연 간 1,500여 편 제작.

"

친교를 이어주는 다리,
일명 만남의 장소

"

🐾 다양한 게이트의 모양

india

한 방에 세 남자

수도사 방을 방문할 때면 복도에 있는 문 앞에서 반드시 똑똑 노크를 한다. 대체로 문은 열려 있지만 예의상 '나 왔어요' 하는 신호음이다. 흰 페인트로 그려진 번호는 방 번호이자 주소다. 10-2호.

전기가 나갔는지 가물대는 촛불 앞에서 영 수도사 M이 큰소리로 책을 읽고 있다. 그런데 수도사 J가 막대기 같은 긴 자를 들고 있는 게 심상찮아 보인다. 들어오는 나를 보더니 멋쩍게 웃는다. 아마 매를 들고 있었던 모양이다. 고개를 내젓는다.

"공부에는 취미가 없고 오로지 놀고만 싶어 해서 걱정이에요."

"아이들이 다 그렇지요, 뭐."

"또래 다른 아이들보다 뒤처지고 있어서요."

_J와 M

M은 글을 읽다가도 나를 힐끔힐끔 쳐다본다. 숙제를 하고는 있지만 건성으로 하는 게 보인다. 그까짓 자 막대기로 한두 대 맞았다고 끄떡도 안 할 녀석이다.

🐌_M

이때 솔솔 음식 냄새가 방 안을 차지한다. 저녁 먹으러 온 나로서는 반갑기 그지없는 냄새다. 멀쩡히 앉아 있기가 뭐해서 부엌을 들어가 보고 싶지만 꾹 참는다. 수도사가 기거하는 곳이라 보통 조심스러운 게 아니었다.

수도사들 방은 다 이렇게 어두침침한 걸까. 묵직한 나무문이 창문을 대신하고 있어서 토굴 속에 들어 온 기분이다. 벽지를 발랐다거나 페인트칠 한 흔적이 안 보인다. 벽은 여기저기 금이 가고 부서진 흔적이 있다. 생전 손 한번 안 본 모양이다.

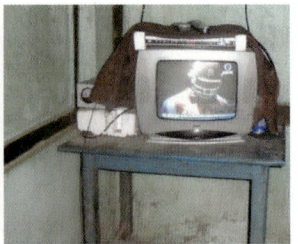

🐌_기숙사 방의 모습과 낡은 TV

벽에 붙어 있는 상장이나 액자를 보면 언제 적 누구 것인가 묻고 싶을 정도다. 빛바랜 사진이나 그림들이 어쩐지 쓸쓸하게 느껴진다. 프레임 대신 가장자리를 떨어지지 말라고 까만 테이프로 덕지덕지 발라놓았다. 너무 궁색해보여 바라보는 내 마음이 안쓰럽다. 그렇잖아도 인사를 하고 싶은데 집에 돌아가면 선물로 액자를 보내 주리라 나 자신하고 약속을 했다.

_까만 테이프로 붙여 놓은 사진

부엌에서 뭐라 하는 소리가 들리니까 M이 공부하다 말고 잽싸게 일어나 앉은뱅이 의자를 들고 나온다. 식사가 곧 나오니까 손님이 앉을 의자를 내오라는 말인 것 같다. 공부하기 싫은 김에 '잘됐다.'라는 표정이 역력하다.
이 아이는 나만 들어오면 신이 나나 보다. 외부에서 들어오는 손님이라곤 거의 없는 데라서 나하고 놀고 싶기도 하겠다. 나도 흔쾌히 놀아 줄 마음은 있지만 명색이 그래도 수도사인데 차마 같이 놀 수는 없는 거다.

한번은 내가 들어오니까 뱀부 방석을 미리 깔아놓고 나를 기다리고 있는 눈치였다. 그런 다음 누가 본다고 했나, TV 보라고 지지지~ 나오는 화면을 틀어 놓고 있는 것이었다.

덥다고 하니까 고장 난 선풍기를 한두 번 만졌다 돌렸다 하더니 포기하고는 먼지가 잔뜩 낀 부채를 내온다. 초롱초롱한 눈빛은 내 휴대폰과 카메라에 꽂혀 있었다. 어떻게 하면 한번 만져볼 수 있을까 하는 속셈인 것 같았다. 역시 아이는 아이다.

잿밥에만 맘을 두고 있는 귀염둥이 예비 수도사. 내 앞에서 샤워 후 알몸으로 왔다 갔다 하는 걸 보면 아직 뭐가 뭔지 구별이 안 되는 시기다. 수도원에 들어온 지는 1년.

"공부에 관심 없으면 악기나 춤을 가르쳐 보면 어때요?"

"그쪽에 재주가 있는 것 같아 가르치고 있는데 그래도 기본 공부는 해야지 않겠어요?"

이왕지사 공부하고는 담 쌓은 거, J가 아티스트라 아트 쪽으로 턴을 해보려는 것 같다.

J와 M, 요리 수도사까지 세 명이 이 방의 룸메이트 멤버들이다. 다른 방보다 수가 적다. 다섯 명이 기거하는 방에는 어린이가 없다. 그만큼 아이 돌보기가 힘들다는 거다.

J와 셰프

한 방에 살고 있는 어른들은 영 수도사를 가르치고 보살펴야 한다. 교육비는 전액 해결된다고 해도 부모 대신 책임을 져야 하는 것이다. 그러니 아이가 학교에서 또래들보다 성적이 뒤지면 사랑의 매를 들지 않을 수가 없다.

식사 담당이신 수도사도 젊었을 시절에는 꽃남이었을 것 같다. 셰프(Chef) 하기에는 아까운 외모다. 옆에서 보니까 아이돌 그룹인 2pm의 '닉쿤' 이미지다. 나를 보면 말 대신 온화한 미소만 짓는다. 음식 만드는 걸 좋아한다고 J가 귀띔해 준다. 이건 나도 인정해주는 부분이다. 그가 만든 감자볶음 맛은 일품이었다. 셰프는 날마다 장에 들러 찬거리를 산 다음, 학교 수업을 마칠 즈음 돼서 M을 데리러 간다. 아이를 앞에 태우고 자전거를 몰고 가는 풍경에서 부모의 마음도 실려 가는 것 같다. 이럴 때면 '공부 안 하면 어때, 건강하게만 자라면 되지.' 하는 아빠의 심정이 엿보인다.

🦎 셰프

언젠가 다시 보게 된다면 2호 방의 멤버들은 어떤 모습으로 변해 있을까. M은 * 아도니스(Adonis) 이미지를 벗고 어엿한 꽃남으로 변해 있을 것이다. 어렸을 때 내 앞에서 알몸으로 방을 돌아다녔다고 말하면 과연 믿을까. 사진을 찍어 놓을 걸! J는 여전히 '킹카' 자리를 유지할 수 있을까. 셰프 수도사는 요리 자격증이라도 따 놓았을까.

---

* 아도니스(Adonis): 그리스 신화에 나오는 소년. 용모가 예쁜 소년을 일컫는 대명사.

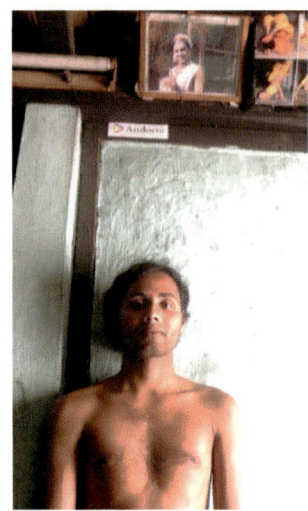

_ J

_ 아티스트 J

_M과 셰프_

_J와 M_

빵 굽는 수도사

저녁 먹으러 가는 재미가 호기심과 맞물려 아주 쏠쏠하다만, 자주 가니까 눈치가 보인다. 이제 그만 와야 하는데도 수도사가 해주는 손맛에 중독됐다고나 할까. 정말로 바깥에서 먹는 음식과는 맛에서 현저히 차이가 났다.

식단은 날마다 바뀌지만 주식인 밥과 빵 중에 한 가지는 빠지지 않고 올라왔다. 밥반찬으로는 나물과 감자볶음이 자주 등장하는 편이다. 감자는 우리네 김치처럼 거의 빠지지 않고 나오는 메인 반찬이다.

둥근 달 같은 접시에 밥과 찬 몇 가지를 얹고, 볼(Bowl)에 *달(Dhal)을 잔뜩 담은 *탈리가 나올 때면 먹기도 전에 군침을 꿀꺽 삼키게 된다. 달은 걸쭉하니 호박죽과 비슷한 맛이고, 생오이무침은 새콤달콤했다.

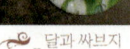 달과 싸브지

저녁인데다 마침 안주도 되겠다 아뿅(Apong, 쌀막걸리)이 그리워진다. 내가 여기를 드나든 지도 어언 열흘은 된 것 같은데 이젠 물어봐도 괜찮을 것 같았다. 참으면 참을수록 입이 궁금해져서 용기를 내어 살짝 J를 불렀다. 아뿅 있냐고 물어봤더니 토끼 눈이 돼서 나를 쳐다본다. 그러더니 웃음을 가득 안고,
"와~ 마담께서 아뿅을 어떻게 아세요? 여기에는 없는데요."
"오이무침이 안주가 돼서요. 어떻게, 한 잔 마실 수 없을까요?"
아뿅 물어봤을 때보다 더 놀란 토끼다. 그러더니 자기 방인데도 얼굴을 돌려 행여 누구라도 들었을까 사방을 둘러본다.
내 부탁이 조금 심했나. 의기소침해진 내 표정을 보고는 안돼 보였는지, "제가 한번 알아볼까요?"라고 한다.

한번은 4등분한 레몬 조각이 나왔는데 도통 어디에 뿌리는지 알 수가 없었다. 해서 그들이 먹는 것을 유심히 본 적이 있다. 생선이나 고기가 나오면 비린내 때문이라지만 야채에도 뿌리는 게 이상했다. 그래서 레몬이 나오면 손 하나 건드리지 않고 반납했다.

감자볶음과 레몬

내가 기다리고 있는 게 미안했던지, 식사 전에 에피타이저가 제공 될 때도 있는데 나는 그것을 '앞저트' 라고 부른다. 과자 몇 조각이 따라 붙는 '짜이(Tea) 타임'이 먼저 나와서 그렇다. 여느 가정집에서 마셔 본 것보다 맛이 각별했다. 그러고 보니 첫날, 나한테 대접한 짜이도 셰프가 준비한 것일 테지. 비록 엎질러서 맛은 볼 수 없었지만.

요리 담당인 수도사, 아무래도 길을 잘못 들어선 것 같다. 진정 셰프는 요리의 달인이라고 말해도 되겠다. 먹으면서 '최고예요!' 라는 표시로 엄지손가락을 들어 올리면 내 옆에서 한시도 가만히 있지 못하는 M이 더 좋아라 한다.

밥 대신 짜빠띠(Chapati)라는 두툼한 빵이 나올 때면 마음까지 두둑해졌다. 신분의 고하를 막론하고 누구나 즐겨 먹는 국민 빵이다. 순수하게 보릿 가루만 가지고 구워낸 베이커리의 한 종류다. 첫맛은 텁텁하지만 담백하니 끝맛은 구수하다.
인도 전역에 보리 생산이 30%라고 할 정도로 음식에 차지하는 비중이 크다. 다른 것과는 달리 이걸 못 먹겠다는 외국인은 없다.

J가 짜빠띠 먹는 나를 보고는 *싸브지(Sabzi) 수프에 찍어 먹어야지 그냥 먹으면 맛이 없단다. 잔소리를 하는데 난 그냥 빙긋이 웃고만 있었다. 음식에 관해서는 관심이 없는 사람이 나한테 텃새를 부리고 있는 거다. 정작 진짜 셰프는 말없이 부엌에만 있는데….

한번 만들면 수십 장씩 구워내는 짜빠띠는 호떡만 한 것부터 뷔페 접시만 한 넙적한 것까지 같은 사이즈가 없다. 기숙사표(!)에 규격 사이즈가 굳이 있겠냐만 그래도 담당 셰프 마음대로다. 아마 몇 시간 전부터 반죽하고 밀어서 만들었을 거다.

식당도 아니고 사뜨라에서, 더구나 수도사가 직접 구워준 따끈따끈한 빵을 먹어보는 맛이란 시쳇말로 '끝내준다'. 한입 베어 물고는 눈을 동그랗게 뜨고 호~ 하고 탄성을 지르게 된다. 그러는 내 표정을 보더니 J가 순례자도 먹어보기 어려운 거라고 생색을 낸다.

"한 장 더 드려요?"

"괜찮아요. 이제 배불러요."

아뿔싸! 싸달라고 할 걸. 두 장만 싸주면 다음날 아침 끼니로는 그만일 텐데, 아쉽다.

다시 달라고 하기에는 도저히 입이 안 떨어졌다. 숙소로 돌아가면서도 아쉬움에 약이 올랐다. 순간의 실수로 한 끼 식사가 날아가 버리다니!

이렇게 맛있는 음식을 한 상에서 나란히 먹으면 오죽이나 좋을까. 저만치 떨어져 먹고 있는 게 꼭 싫은 사람하고 먹는 그림이다. 일반인하고는 거리를 둬야 한다니 그런 규율은 마음에 안 든다.

비록 떡 벌어진 상은 아니지만 올 때마다 정성껏 대접하는 마음이 감지덕지할 뿐이다. 간편한 식단은 뒷설거지도 간단했다. 대접받는 내 처지론 그나마 다행인 셈이다. 설거지는 뒤꼍에 있는 펌프 가에서 닦으면 된다. 그런 다음에는 부엌 바닥에 물을 뿌리고 반드시 걸레로 닦아낸다.

"물은 왜 뿌려요?"

"하늘에서 내려주신 물의 고마움을 알고, 오늘 하루를 감사드리는 것이지요."

이렇게 함으로써 하루 일과가 끝이 난다. 일종의 마침 기도랄까.

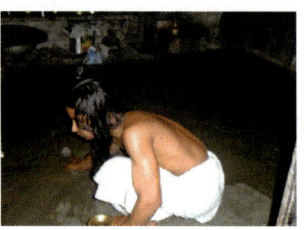

_ 물 뿌리는 모습

내가 날마다 올 수 있는 것은 순전히 J의 배려 때문이다. 아마 셰프한테 특별히 부탁했는지도 모르겠다. 낯선 손님에게 식사를 대접한다는 게 어디 보통 정성인가. 이런 걸 생각하면 그까짓 짜빠띠 몇 조각에 고민할 일이 아니다. 이쯤해서 저녁 끼니는 시장표 메뉴로 바꿔야겠다. 당장 내일부터.

며칠 지나 숙소 앞에서 지나가는 셰프를 만났는데 나를 보자 얼굴에 웃음꽃이 피더니 그렇게 반가워 할 수가 없었다. 저녁 먹으러 더 이상 '기숙사 레스토랑'을 안 가길 잘한 것 같다. 그렇지 않으면 나의 진드기 같은 행보에 말은 못하고 속으로 얼마나 고개를 흔들었을까.

여행이란 참 묘한 인연을 만드는 마법이 있는 것 같다. 사뜨라를 방문해 꽃남들을 만난 것도 스페셜한데 한동안 저녁까지 대접 받았으니, 여행이 아니라면 누려 볼 수 없는 호사다. 뭣보다 즉석에서 구워 내는 베이커리와 즐거운 밥상은 영영 잊지 못할 것이다.

남자의 자격

동서고금을 막론하고 수도사가 된다는 것은 멀고도 어려운 길이다. 내가 지금은 나일론 신자지만 실은 고모도 수녀님이시고 삼촌도 신부님이시다. 지금까지 이분들에게 본인이 원해서 수도사가 되었냐고 물은 일도 없거니와 궁금하지도 않았다. 그런데 왜 이곳 수도사들에게는 궁금한 걸까. 이들이 잘생겨서? 분명 무슨 사연이 있지 않을까 하는 의구심이 내 안에서 꿈틀댄다.

남자 어린이는 네 살이면 사뜨라에 입문할 수 있다. 그때부터 영수도사(Young Bhakat) 자격이 주어진다. 반드시 신분이 아쌈인(Assamese)이어야 하는데 이중에서도 명문이 아니고는 될 수 없다. *미싱 족과 소노왈 카차리, 코이보타 외의 전통 부족은 수도사가 되고 싶어도 될 수 없다. 올해 까다로운 심사 과정 끝에 예쁘장한 아도니스(Adonis) 다섯 명이 입문했다.

*께올리아 벅커트, 부르기도 어려운 명칭을 가진 수도사가 수도원 한 곳에만도 70명 정도 된다. 한 방에 세 명에서 다섯 명이 한 조. 어른 아이가 두루 섞여 있다.
이들이 하는 일은 다양하다. 상점이나 게스트 하우스, 농사일에 투입되는가 하면 초·중·고교 교장과 일반 선생님도 있다.

🦎 _ 목공소

🦎 _ 문구점　　🦎 _ 정미소

🦂 _ 게스트 하우스

🦂 _ 상점

🦂 _ 구멍가게

🦂 _ 구멍가게

🦂 _ 우유판매

🦂 _ 가축 담당

🦂 _ 예배 담당

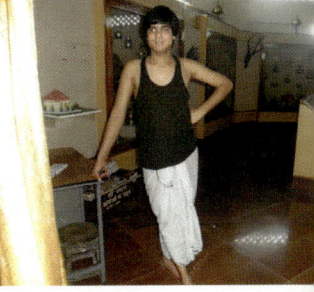
🦂 _ 뮤지엄 담당

예배만 드리는 진행자가 있고 춤과 악기와 노래를 다루는 그룹
아티스트들도 있다. 다 각자 맡은 전문 분야가 있다. 연령층도
초등학생부터 대학생까지, 4세부터 죽음을 기다리는 원로들까
지 있다.

🐌 춤꾼이 되기 위한 영 수도사들의 훈련

이들이 지켜야 할 계율은 70가지다. 제일 중요한 것은 평생 독
신자로 사는 일이다. 누군가 하고 눈이 맞으면 곧바로 수도원을
떠나야 한다. 작년에 그 이유로 한 명이 옷을 벗었다고 한다. 20
여 년을 수도원에서 공을 들였는데 눈에 씐 콩깍지 때문에 등을
돌린 셈이다.

또한, 채식주의자라야 한다. 하지만 소나 닭을 직접 키우면서 나
오는 계란이나 우유까지는 허락이 된다. 미싱 족의 트레이드마
크인 아뽕(Apong, 쌀막걸리)이나 기호품인 담배, 인도인 누구
나 씹는 *빤(Pan)은 절대 금지 품목이다.

사원 안팎으로 구분되는 계율도 있다. 경내에서는 상대가 순례
자라 해도 서로 옷깃이 스쳐서는 안 된다. 물건을 줄 때도 서로

빤(Pan), 빈랑(Betel nut) 나무 잎에 다진 열매와 크림을 넣어 돌돌 말아 입에서 씹는다.

가 닿지 않도록 살짝 떨어져서 주고받아야 한다. 하물며 남자끼리 하는 악수도 밖에서만 허락이 된다. 그만큼 신이 기거하는 경내에서 만큼은 일반인과 수도사는 다르다는 것이다. 그래서 기기숙사에서 나와 함께 저녁을 먹을 때도 떨어져 있었던 것이다. 한번은 과자나 물건을 덥석 받다가 무안을 당한 일이 있다. 줄려다 마는 것이다. 내 손가락 끝이 닿을까봐 그랬다는 것을 시행착오를 겪은 후에야 알았다.

또, 음식물은 반드시 손수 만들어 먹어야 한다. 어떠한 것도 사 먹거나 대접을 받으면 안 된다. 친지나 손님이 대접하는 짜이 한 잔조차도 마찬가지다. 밖에서는 목이 말라도 참고 배가 고파도 참아야 한다. 절제와 인내가 몸에 배야 하기 때문이다. 사원을 벗어난 먼 곳에 있다 해도 그렇다.

그렇다면 춤꾼들이 공연하러 파리에 가서도 음식을 해먹으려나. 설마… 그래도 비행기에서 기내식은 먹겠지.

우연히 길에서 학교를 가는 어린 M을 만난 적이 있다. 구멍가게에 데리고 가서 과자를 잔뜩 사준일이 있는데 사실은 이것도 안되는 조항이다. 나중에 물어보니까 어른들한테 혼날까봐 학교에서 몽땅 다 먹어치우고 집(수도원)으로 갔단다. 그 많은 것을? J한테 물어볼 걸 그랬다. 그날, "M이 저녁을 먹었나요?"하고.

당연히 돈을 벌기 위한 투 잡도 안 된다. 해서 개인의 생산 활동을 금지하고 있다. 사뜨라에서 운영하지 않고 외부에서 나오는 비용은 반드시 허락을 받아야 한다. 남 몰래 '인 마이 포켓'이란 있을 수 없는 일이다. 이 밖에 계율에서 벗어난, 수도사 체면을 깎아내리는 태도를 보였다면 옷을 벗을 수밖에 없다.
하는 일에 따라 월급과 성과급이 나온다. 100루피~6,000루피(약 2,500원~15만 원)까지. 아마도 M 같은 어린 수도사들은 100루피일 거다. 매달 들어가는 식비와 전기요금, 가스비용은 한 방의 멤버들이 월급에서 해결하고 있다.

장차 전공을 살려 어떤 길을 가든지 하고 싶은 대로 할 수 있다. 비용걱정 없이 각자가 가지고 있는 재능을 살리기만 하면 된다. 굳이 악착같이 일하지 않아도 평생직으로 보장된 신이 내린 거룩한 직업이다.

아쌈에서 수도사가 된다는 것은 지성과 감성을 겸비한 최고의 엘리트 코스다. 일반인은 물론이고 특히, 남자들에게 부러움을 사고 있는 그들의 자부심은 대단하다. 자국 내에서도 방문하기 쉽지 않은 오지에서, J처럼 아티스트가 되어 세계 여러 나라를 방문 할 수 있다는 특권만도 선망의 대상이다. 아들을 둔 아쌈 부모들의 로망이다.

---

* 미싱 족(Mising tribes): 10여 전통 부족 중 하나. 소노왈 카차리(Sonowal kachari), 코이보타(Koibota).
* 께올리아 벅키트(Kewoliya Bhakat): 신과 자연이 하나이기를 바라는 아쌈 수도자 명칭. 벅티(Bhakti)란 신에 대한 헌신과 자애, 벅티 운동을 실천하는 사람이라는 뜻을 가진 벅타(Bhakta)에서 나옴. 사두(Saduh)라고 부르는 수도자하고는 이름부터 분리가 된다.
* 빤(Pan): 인도 어디에서나 파는 담배 대용으로 씹는 잎사귀. 일종의 츄잉껌. 씹으면 씹을수록 환각 작용이 있다.

정말로 수도원이 있어요

아쌈의 자존심, 엘리트 코스의 명가 사뜨라.
메인 게이트를 지나면 동쪽과 서쪽으로 회랑 같은 기숙사가 길
게 늘어서 있다. 그 중앙에는 본당 만디르(Uandhir, 예배소)가
자리 잡고 있는데, 내가 문 앞에 서 있으니 시바신이 부드러운
미소를 보낸다. 웰컴! 대갓집 안방마님처럼 점잖게 손님을 맞
이한다.

🐾 만디르 입구

종래의 인도 사원에서 보았던 신상하고는 거리가 있다. 으레 힌
두신하면 떠오르는 알록달록한 색채나 요란한 군더더기가 없
다는 얘기다.
바람에 쏠려 꼭대기에 붙어 있는 시바 형상이 살짝 보일 듯 말
듯 숨바꼭질을 한다. 뱀부(Bamboo, 대나무)와 아열대 나무들

이 밀림을 이루고 있어 어찌 보면 중세 왕족이 숨겨 놓은 시크 릿 가든 같다. 편안한 마음에 불쑥 들어가려다 '아차' 싶었다. 예배소라는 걸 깜박했다.

🐾_만디르 입구

다시 양쪽으로는 조촐한 만디르 두어 채가 나그네 가는 길을 터주고 있었다. 이 중에 유난히 내 눈길을 끄는 그림이 있었으니, 태초에 아담과 이브가 낙원에 살았다는 지극히 고정된 이미지를 가진 수채화다. 숲속을 배경으로 잎사귀로 하체만 가린 이브의 포즈가 낯설지가 않다.

🐾_만디르 입구

하나씩 감상하면서 한 발 한 발 걸음을 옮겨보았다. 뒤채까지 이어지는 복도는 르네상스풍의 갤러리라고 해도 손색이 없겠다. 유럽 교회에서 보았던 작품들과 엇비슷한 걸 보면, 혹시 먼 옛날 당대 화가들이 여행을 왔다가 그려놓고 간 그림이 아닌지….

프랑스 바스 노르망디 주(州)의 동쪽 끝, 바닷가에 우뚝 서 있는 몽생미셸(MontSaint Michel) 수도원과 닮은꼴이다. 여기를 구경시켜 주려고 밤기차는 나를 태우고 바닷가를 끼고 얼마나 달렸던지…. 보이지도 않는 바다를 보려고 검은 창문에 코를 박았던 기억이 '빨리감기' 화면처럼 휘리릭 지나간다.

인도에서는 사원을 템플(Temple) 혹은 만디르(Mandhir, 예배소)라고 부르는 반면에 아쌈에서는 남가르(Namghar) 또는 수도원의 뜻을 가진 모너스트리(Monastery)라고 한다.
그러면 됐지 왜 사뜨라(Satra)라고 하는 걸까, 어떤 연유에서 이름이 붙여졌을까?
15세기라고 하면 유럽에서는 르네상스(Renaissance)운동이 한창 일어나고 있던 시기이다. 그 무렵 아쌈은 타이(Thailand, 태국) *아홈(Ahom) 왕국의 지배아래 최고의 번성기를 누리고 있었다. 인도의 힌두교를 국교로 삼고 모든 문화의 중심을 종교에 두고 있었을 때다.

Mask

당대의 문인이나 예술가들은 고고한 자연 속을 찾아 마줄리 섬으로 속속 모여들었다고 한다. 이때 초야에 묻혀 지내던 수도자이자 시인, 철학자인 *마하브데바와 그의 제자인 상카르데바가 '뉴 비슈뉴즘'이라는 양식을 들고 나왔다. 대 서사시 라마야나에 기초를 둔, 힌두교 3신 중에 하나인 비슈누를 찬양하는 예배를 글로리아 성가로 드리는 로마 교회 의식이었다.

인도의 고질적인 카스트 제도를 거부하고 우상 숭배를 멀리한, 보통 사람들에게 다가간 과감한 예배 의식이었던 것이다. 이들은 손수 작곡한 *성가를 부르고, 심벌즈나 드럼, 타악기를 반주로 사용했으며, 사뜨라 춤과 연극이라는 장르를 개발해서 사용했다. 중세기 로마 가톨릭 양식과 정통 힌두 양식이 결합된 독특한 예배 의식이라 할 수 있다.

수도에 정진하면서 철학과 문학, 나아가 예술 창조를 하던 곳을 그들은 사뜨라라고 부른다. 즉 사뜨라란 마줄리 섬에서 탄생한 수도원을 말한다. 오늘날까지 내려오는 아쌈의 문학과 음악, 미술, 춤을 탄생시킨 예술의 메카다.

물과 기름 같은 문화 양식이 절충된 퍼포먼스는 어떤 것일까. 연구하고는 담을 쌓고 사는 나이지만 이것만은 내 흥미를 끌기에 충분하다. 그렇다면 그곳에서는 그것 말고 무슨 일을 하는지, 알면 알수록 흥미진진해진다.

16세기로 넘어가면서 사뜨라는 어떤 기구보다 세력이 확장되고 힘을 과시하게 된다. 당대 예술가들이 꽃을 피우고 풍성했던 시기다. 이때 사뜨라는 춤 말고도 새로운 장르의 *마스크(Mask-making)를 이용한 뮤지컬이 탄생했다. 탁월한 아홉 왕의 배려로 개중에는 제 2의 *토마스 아퀴나스(Thomas Aquinas) 같은 철학자들이 배출된 것도 이 시기다.

달도 차면 기운다고 세력이 너무 팽창했던 걸까. 주축이 되었던 세력가들에 의해 두 집단으로 갈라지게 된다. 결혼을 원하는 수도사와 독신을 고집하는 수도사였다. 목사와 신부님, 기독교와 가톨릭처럼 근본 취지는 같은데 생활 방식이 다른 투 톱 체제였다.

가정적으로 기반을 닦은 수도사들은 자식 대대로 계승을 하면서 부와 명성을 이어가고 있었다. 그런 반면에 한쪽에서는 여전히 독신 수도사라는 독자적인 자존심을 세우고 문화유산을 지켜 나갔다. 양대 산맥의 두 집단은 지금까지 대대손손 이어오면서 아쌈 주 최고의 명가로 자리를 굳히고 있다. 전통과 예술이 응집된 사뜨라 춤과 마스크의 예술혼도 현재 진행형이다.

쌍벽을 이루고 있는 로열 패밀리 가(家)와 비 패밀리 가(家)는 현재 2:8 비율이다. 거대한 재력을 발판으로 건재를 과시하고 있다. 신도 수만도 만만찮은 데다 재산이 천문학적 숫자라는 말도 있다.

로열 패밀리 일가

육지에서 오는 순례객들을 위해 직접 *알베르게(Albergue)를 운영한다. 내가 머물고 있는 숙소도 지척에 있는 사뜨라 소유다. 도미토리 방이 열 개가 넘을 정도다. 상점이나 건물, 논밭의 일부도 사뜨라 재산이다. 필요한 일손은 수도사들이 역할 분담을 나눠서 한다. 학교 육영사업부터 토지까지 문어발식으로 많은 분야를 거느리고 있다. 이러니 그 어떤 대기업보다 마줄리 행정을 주무를 수 있는 힘이 있는 것이다.

🐾 홍수 행차

엘리트 집단을 거느리고 있는 총수는 누구보다도 존경을 받는다. 천주교의 추기경에 버금가는 위치다. 특별한 이유가 없는 한 영구직이다. 요즘도 두 집단은 신축 건물을 짓느라고 포크레인 소리가 요란하다. 이런 면은 우리나라 교회와 닮았다.

서울보다 조금 큰 면적에 크고 작은 사뜨라가 무려 100곳이 넘는다. 종교가 얼마나 주민들에게 깊숙이 뿌리박혀 있나 알 수 있다. 아쌈인들에게 *사뜨라는 종교를 넘어 그들의 자존심이자 명예인 것이다.

길거리 행상. 신에게 바칠 꽃과 이마 중앙에 찍는 물감을 판다. 딱히 정해진 가격은 없음.

* 아홈(Ahom): 1228년부터 약 600년간 아쌈을 통치한 태국의 왕조.
* 마하브데바(Madhavdeva), 상카르데바(Sankardeva), 뉴-바이슈뉴즘(Neo-Vaishnavism).
* 성가: 벌갯(Borguet), 천상의 노래라는 뜻.
* 마스크(Mask-making): 인도 고대의 산스크리트 대서사시, 라마야나(Ramayana)에 등장하는 신화를 바탕으로 한 드라마 기법. 라마의 무용담을 그린 것이다. 왕자인 라마, 원숭이 왕 하누만, 악마 라바나, 이 외 이야기에 등장하는 인물들의 마스크를 쓰고 연극을 하는 축제다.
* 토마스 아퀴나스(Thomas Aquinas): 가톨릭 수도사, 철학자이자 신학자.
* 알베르게(Albergue): 순례자용 숙소, 게스트 하우스.
* 사뜨라: 5개 메인 사뜨라, 너튼 카말라바리 사뜨라(Natun Kamalabari Satra), 우타르 카말라바리 사뜨라(Uttar Kamalabari Satra), 더킨 팟 사뜨라(Dakhin pot Satra), 가라무르 사뜨라(Garamur Satra), 아우니아티 사뜨라(Auniati Satra).

미성년자 관람 불가

쫙쫙 퍼붓는 물소리는 뱀부 담장 너머에서 들려오는 소리였다. 누군가 물청소를 하나 보다 하고 무심코 넘어가려다 왠지 솔깃해지는 것이었다. 뱀부 담벼락에 얼굴을 붙이고 틈새에 눈을 대었다. 뭔가 보이는 순간 흠칫하면서 얼른 얼굴을 떼야만 했다. 눈앞이 아찔해진다. 반대편 들판을 보면서 후~ 하고 숨을 한 번 내쉬었다. 못 볼 걸 본 것이다.

발길을 돌려야 하는데 발걸음이 떨어지질 않는다. 사방을 둘러봐도 누구 한 사람 지나가지 않는 후미진 골목에 물소리만 퍼지고 있었으니…. 어느새 내 눈은 다시 틈새를 향했다.

'아무리 더워도 그렇지, 수도사가 벌건 대낮에 무슨 샤워람!'

남자가 몸에다 비누칠을 하고 있는 중이다. 비누 쥔 오른손은 목에서 겨드랑이로 다시 아래로 해서 발가락까지 내려가고 있었다. 미역 줄기 같은 검은 머리에서 흘러내리는 보글보글한 뽀얀 거품이 엉덩이에서 허벅지를 타고 간다. 혹시 담을 향해 돌아서지는 않을까. 사뭇 조마조마해진다. 남자들 샤워도 여자들하고 별반 다를 바가 없다. 거친 내 숨소리만 귀에서 나긋이 울리고 있었다.

역삼각형의 상체는 영화 <책 읽어주는 남자(The Reader, 2009)>

에 나오는 주인공, '미하엘'의 샤워 신(scene), 그것 이었다. 그 순간 내 이름은 여주인공, '한나'였다. 조각가가 빚어 놓은 대리석 형상인들 저렇게 미끈하게 빠질 수 있을까. 무슨 남자의 뒤태가 저렇게 퍼펙트하지? *안토니오 반데라스로 착각하겠다.

바가지로 양동이 물을 퍼서 머리 위에서 끼얹고는 이번에는 양동이 속으로 머리를 박고 머리채를 행구는 것이었다. 다 끝냈는지 긴 꺄뮤사(Gamusa, 타올) 끝을 양손에 쥐고 머리에 물기를 탁탁 털어내고 있었다. 온 몸의 물기도 머리카락 털듯 하는 모습이 흥미롭다. 웨이트 트레이닝을 한 듯, 팔 근육에서 힘이 넘쳐 보인다.

물소리가 멈추자 내 목으로 침 넘어가는 꼴깍, 소리에 그만 나 자신도 흠칫 놀란다. 내가 아는 수도사는 아니고 대체 누굴까. 뒤태만 봐서는 잘 모르겠다.

남자가 무심코 몸을 벽으로 돌리려는 아슬아슬한 순간에 내 얼굴도 후다닥 담벼락에서 떨어졌다. 너무도 짧은 간발의 차이다. 광저우 아시안 게임에서 수영선수 박태환의 금메달과 중국 쑨양의 은메달 차이랄까. 얼굴이 화끈거린다.

"누구야? 당신?" 하는 소리가 들리는 듯하다. 몽둥이를 들고 쫓아오지는 않을까. 온몸에 달아올랐던 더위가 가시면서 다리가 후들거린다. 골목엔 나밖에 없어서 걸음아 나 살려라, 뛰어 봤자다. 무슨 낌새라도 알아챌까, 숨도 안 쉬고 꼼짝 않고 서 있었다. 들키기라도 하는 날엔 망신도 보통 망신이 아니다. 머리털이 꼿꼿이 서는 기분이었다.

다행히도 아무 기척이 없는 게 눈치를 전혀 못 챈 것 같다. 살살 몇 걸음 떼다가 뚜벅뚜벅 걷기 시작했다. 그러다 걸음이 마구 빨라졌다. 누군가 내 뒤에서 뒷덜미를 낚아챌 것 같아 뛰기 시작했다. 간간히 새들만 나를 이상하게 쳐다보며 날아간다.

계속 뛰는 것도 이상해서 숨을 가다듬고 속히 걸어가는데, 하필 이때 수도사들 몇몇이 어울려 지나가고 있는 것이었다. 겁이 덜컥 났다. 피하고 싶었지만 모른 척하면 오히려 더 이상 할 것 같아 살짝 미소만 보내고는 지나갔다. 그런데, 내 얼굴을 얼른 돌려야 했다. 모두들 나보고 수군거리는 것 같았다.

"아까 저 여자가 누구를 훔쳐봤다더라."

멋진 복근을 선보인 19금의 남자, 그는 누구일까. 내가 아는 수도사들을 하나하나 짚어 봐도 해당되는 사람이 없다.

이 일이 있기 며칠 전이었다. 수도사 J에게 사진을 찍어주기로 약속이 돼 있던 날이다. 제시간에 맞춰 기숙사 앞에서 기다리고 있는데 당사자가 보이지 않았다. 잠시 후, 물이 뚝뚝 떨어지는 긴 머리에 온 몸에 물기가 묻은 J가 안에서 나오는 것이었다. 막 샤워를 끝낸 모양이다. 엉덩이에 붙어 버린 젖은 도띠 때문에 몸매가 적나라하게 드러나고 있었다.

이런, 민망해서 얼굴을 돌렸다. 그런데 안달이 나서 딴 척을 할 수가 없었다. 살짝 곁눈질을 해가면서 성인용 그림을 보게 되었다. 무슨 짓궂은 심사였는지 속히 카메라를 꺼내들었다.

그새 긴 머리를 틀어 올리더니 *브라보콘 모양을 만들어 놓고 있다. 이번엔 빨래 줄에 있는 긴 천을 걷어 훌훌 허리에 말더니 스커트처럼 해 놓는 것이었다. 다시 허리춤 속으로 손을 넣어 입고 있던 젖은 도띠를 벗어 내리고 있었다.

🦎 J 수도사의 샤워 후

카메라가 찰칵! 하는 소리에 나를 흘깃 쳐다보고는 하던 일을
마저 한다. 표정에서도 별 동요가 없다. 벗은 도띠를 쫙~ 펴서
는 줄에 널어놓는다.

경내에서 웃통 벗은 수도사를 처음 보는 것도 아닌데, 나야말로
왜 이리 흔들리는지 모르겠다. 그나저나 카메라까지 들고 있는
나를 얼마나 이상한 여자로 보았을까.

그런데, 이번에야말로 19세 이하 절대 불가, 성인용 동영상을 본 것이다. 샤워맨은 과연 누굴까. J를 19금으로 알았던 나만의 환상이 깨지고 있었다. 새로운 강적이 나타났으니 순위를 바꿔 놔야겠다.

정말이지 우연찮게 빨간 책을 보게 된 날이다. 혹시, 훔쳐봤을 당시 내 표정이 영화의 한 컷, '한나'의 무심한 척하면서 호기심 어린 그런 표정이었을까. 어찌 됐든 기분은 그만이다. 생각할수록 입꼬리가 히죽히죽 올라간다. 누드모델이 되어준 수도사에게 고맙다는 말을 속으로만 연거푸 읊조렸다.

하하하! 하하하! 실컷 웃고 싶어졌다.

지금까지 품위 있고 거룩하게만 보이던 수도사들에서 인간적인 면이 보였다고나 할까. 어쩌면 이 시간 이후로는 좀 더 편한 마음으로 다가갈 수 있을지도 모르겠다.

그런데, 이게 무슨 날벼락 같은 일이람! 그로부터 며칠 후, 길가 다 J를 만났을 때다.

"마담 물어볼 게 있는데요."

주춤하면서 내 눈치를 살피는데 지레 내 가슴이 두근대기 시작한다. 훔쳐본 그날의 사건 때문인가. 설마… 애써 태연한 척하면서 "뭔데요?" 하고 물었다.

"마담께서 며칠 전에 기숙사 뒤 골목으로 지나간 일이 있으세요?"

드디어 올 게 왔나 본데. 순간 식은땀이 나고 얼굴이 붉어지는 것만 같다.

"아, 아~닌데요. 내가 거길 왜 지나가요. 지나갔다고 누가 그래요?"

고개를 내젓는다. 아무래도 나를 범인으로 지목하고 물어본 것 같다. 지나치려는 J를 불렀다.

"거긴 지나가면 안 되는 곳인가요?"

"그날따라 저희 동료가 골목하고 붙어 있는 곳에서 샤워를 했나 봐요. 하면 안 되는 곳인데….."

"네? 그래서요?"

"지금 벌을 받고 있는 중이에요."

깜짝 놀랐다. 또, 그런 걸 왜 나한테 묻냐고 물어보고 싶었지만 차마 그것까지는 자신이 없었다. 동료라면 어쩌면 내가 알고 있는 사람인지도 모른다. 앞으로 수도사들 얼굴을 어떻게 바라볼지, 머리가 이렇게 혼란스러울 수가 없다.

그 말을 들은 다음 날부터 행여 길에서 수도사하고 마주칠까 평소보다 더 일찍 숙소를 나섰다. 빵 먹은 게 탈이 났다는 핑계 삼아 기숙사로 저녁을 먹으러 가지도 않았다. 아무렇지 않게 처신해야 하는데 그것마저도 마음에서는 컨트롤이 안 되고 있었다. 그동안은 사뜨라 가는 길이 나에게는 드림 로드였다고나 할까. 지나칠 때면 내 가슴이 먼저 설렜다. 꽃남들이 근처에 살고 있다는 것만으로도 묵고 있는 숙소가 무척 마음에 들었는데 이젠 이것마저도 부담으로 다가왔다. 숙소를 어디로 옮기나….

벌을 어떻게 받고 있을까. 과연 그 수도사는 어떻게 될까. 정말 쫓겨나는 건가. 나 때문에 그런 것 같아서 마음 한편에 돌이 얹힌 것처럼 무겁다. 실제로 체한 것처럼 가슴이 쓰렸다. 소화도 안 됐다. 약을 먹어도 나아지질 않았다. 마치 나도 함께 벌을 받고 있는 것 같았다.

학생시절, 공부 시간에 책상 밑으로 성인용 만화를 몰래 보다 선생님에게 들킨 학생처럼 대가를 톡톡히 치르고 있었다.

━━━━
* 안토니오 반데라스(Antonio Banderas): 스페인 무비스타. 1960년생.
* 브라보콘: 삼각 아이스크림의 원조.

2. 아마존을 만나다

물 위에서 보낸 시간 1

명성에 비해 가는 길은 고됐다.

첫인상은 혼잡함, 그 자체였으니까.

대도시, *조르하트(Jorhat). 마줄리 섬(Majuli island)으로 가는 *니마티 가트(Neamati ghat, 선착장)행 버스 정류장은 따로 자리를 잡고 있었다. 터미널이라는 간판도 없는 후미진 공터에 있지만 장사꾼이나 릭샤 왈라(아저씨)들 사이에서는 이미 다 알려진 곳이다.

벌써 마을버스만 한 버스 한 대가 손님을 기다리고 있다. 어떤 남자가 나보고 먼저 티켓부터 끊어야 한다고 알려준다. 손짓으로 버스 옆에 있는 작은 박스가 매표소란다. 그게 매표소라니, 내 눈에는 고철 덩어리로 밖에 안 보이는데.

출발 한 시간 전에 왔는데도 티켓 좌석 표를 보니까 뒷자리다. 다행히 일찍 왔으니 망정이지 내내 서서 갈 뻔했다. 기사 말이

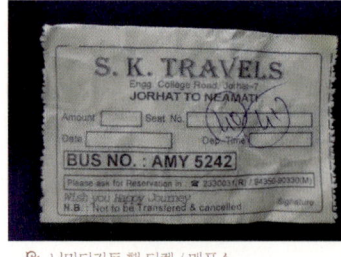

🦎 _니마티가트 행 티켓 / 매표소

도중에 내리는 승객은 거의 없단다.

너무 낡아 언제 연식인지 분간이 안 된다. 폐차장으로 갈 버스가 잘못 온 건 아닌지 모르겠다. 버스를 보니 지레 한숨부터 나온다. 가는 길은 오죽이나 할까.

예상했던 대로 창문이란 창문은 모두 열어 놓은 채 버스는 달리고 있었다. 복잡한 조르하트 시내를 벗어나니까 한적한 시골길로 접어들었다. 눈은 시원한데 덜커덩거리는 버스에 자리가 편치 않다. 길가 곳곳에 자갈들을 듬뿍 쌓아 놓은 걸 보면 머지않아 포장된 도로가 생겨날 모양이다.

창밖 저 멀리로 차밭(Tea garden)이 지나가고 있다. 차밭을 보니 반갑기도 하고 만감이 교차한다. 세월 정말 빠르다. 내가 아쌈에 처음으로 온 이후, 그새 2년여 세월이 흘러가버린 것이다. 켜켜이 쌓인 추억들이 생생하게 눈앞에 펼쳐졌다. 순박한 차밭

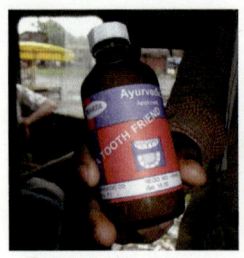
_버스 안 풍경

여인들은 잘 있는지…. 당시 아쌈 필(feel)에 꽂혀서 다시 마줄리 섬을 찾게 될 줄이야.

황톳길을 신나게 달리던 버스는 40여 분이 지나자 가트(선착장)에 도착했다. 내려서 코를 푸니까 휴지가 시커멓다. 흙먼지를 뒤집어써서 머리가 붉게 물들었다.

바탕화면은 온통 잿빛으로 잔뜩 찌푸린 날이다. 바람이 서쪽으로 부는 걸 보니 비라도 뿌릴 기세다. 벌써 비릿한 냄새가 올라온다. 배에 타면 냄새가 덜 나려나.

부둣가는 오고 가는 사람들로 활기가 넘치고 있다. 가축들도 걸음거리가 분주해 보였다. 승선할 녀석들인지도 모르겠다. 공터에는 버스와 영업용 스무(Sumu, 택시)가 줄을 지어 배에서 내릴 승객들을 기다리고 있었다.

승객을 기다리는 버스와 택시

어니나 사람이 모이는 곳이면 다바(Daba, 간이식당)가 즐비하기 마련이다. 뭘 먹을까 두리번대는데 자기 가게로 들어오라고 사정사정하는 사람이 없다. 다른 도시 같았으면 벌써 누군가 나와서 "우리 가게로 가요." 하면서 옷소매를 잡았을 거다. 사람만 넘치지 호객 행위나 와글대고 떠드는 사람이 없어 좋았다.

빵과 스위트(과자류)가 식당 앞, 눈에 잘 띄는 곳에 있다. 골라먹기는 그만이겠다. 손가락으로 이것 주세요, 하면 되니까. 평소 즐겨먹던 과자 몇 개를 신문지에 싸 달라고 했다. 시장기는 도는데 밥 생각이 없는 게 오느라 지쳐서 그런가 보다.

강가엔 많은 선박들이 저 홀로 흔들거린다. 고깃배를 비롯해 군사용 배, 나룻배까지. 여느 부둣가와 다를 게 없다.

페리 한 척이 떠 있는 게 보인다. 표지판이나 안내판도 없지만 사람들이 분주히 오가는 게 마줄리행이 틀림없는 것 같다. 정말 이 배가 세계 최대의 강섬을 드나드는 배란 말인가. 배를 보니 부푼 기대가 조금씩 사라진다.

곧 출발하니 어서 승선하라고 누구하나 말해주는 사람도 없다. 낯선 길 여행자한테는 누구라도 말을 붙여오면 좋으련만. 이 부둣가는 장사꾼들하고 승무원들이 호객행위 하지 말자고 단합이라도 했나?

갑판은 마치 자전거와 오토바이 전시장을 옮겨놓은 듯하다. 승객들마저 지나가기가 불편할 정도로 차들이 바닥을 차지하고

있었다. 차 안에 사람들이 타고 있으면 사람 요금은 별도로 받
지 않는다. 그래서 그런가, 승합차 안에는 사람들이 꽉 차 있는
걸 볼 수 있었다.

이들은 선실 안에 들어간다거나 선상에 나와 있는 일이 거의 없
다. 자기들은 브라만(Braman, 양반지위)이니까 다른 사람들과
차별된다는 걸 과시하는 거다. 벌써 옷차림만 봐도 때깔이 다르
다. 아이들하고 남자 어른들을 보니 예사 차림이 아니다. 내가
쳐다보니까 차창 문을 내리더니 미소로 아는 체를 한다.

"어디 가세요?"

"조르하트 친척 결혼식에 가요."

"답답하지 않으세요? 잠깐 나와 계시지요."

고개를 흔든다. 내 눈엔 새장에 갇힌 새로 보일 뿐이었다.

갑판 위 브라만들

구석 난간 쪽으로는 가축우리가 따로 마련돼 있다. 거기도 벌써 반은 들어차 있다. 소들은 그 큰 눈을 껌뻑껌뻑대고 엉거주춤 서 있다. 어미와 새끼 염소들은 자신들의 신세를 알까 모를까.

그러고 보니 이제, 겨우 몇 사람 발 디딜 공간만 남은 것 같다. 가축들 옆에 우두커니 서 있느니 염소를 태운 자전거 주인 곁으로 다가갔다.

"이런 가축들도 뱃삯을 받나요?"

"자전거에 태우고 있으면 안 받고 우리 안에 있으면 받아요."

가축은 소나 강아지를 불문하고 5루피란다.

"염소 한 마리는 얼마예요?"

"어미는 200루피, 새끼는100루피."

맙소사…, 200루피는 우리 돈으로 대략 5,000원인 셈인데, 사육비도 안 나오겠다.

_팔려가는 염소들

승객들 자리는 반지하 선실이다. 창문가로는 나무 의자가 길게 늘어서 있고 중앙에는 플라스틱 의자가 놓여 있다. 그 자리로 승객들이 듬성듬성 자리를 메우기 시작한다. 꾸역꾸역 들어오면서 나머지 빈자리도 마저 채운다. 비닐 장판을 깔아 놓은 바닥은 퍼질러 앉을 자리다.

우물쭈물하다가 앉을 자리가 없을까봐 얼른 아무데나 배낭부터 던져 놓았다. 아줌마만의 스타일이 나온 것이다. 기실 몇 시간을 눌러 있을지 모를 일이니까 소위 '찜'을 해둔 거다.

크고 작은 보따리짐들은 왜 이리 많은지. 죄다 한 자리씩 차지하고 있었다. 숫자로 보면 사람보다 짐이 더 많은 것 같다.

승객들의 눈은 지나가는 나에게 향하고 있었고 아이들 역시 나를 보자마자 눈이 더 커졌다. 앞으로 이런 일이 비일비재 할 텐데…. 애써 태연한 척한다.

오대양을 항해하는 크루즈 선박처럼 별의별 짐들이 다 들어오

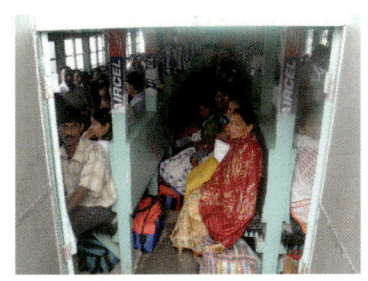
_승객 선실

고 있다. 내가 며칠을 머문다 해도 이상 없겠다.

출발 시간을 넘겼건만 배는 꼼짝을 안 한다. 고장이라도 일으켰나. 누구한테 묻고 싶은데 다들 딴청만 하고 있다. 승무원한테 한마디 하고 싶지만 내 말에 거드는 사람도 없을 테고 그냥 잠자코 눌러 있기로 했다. 인도에 와서 제시간에 버스를 타든가 앉아서 간다면 그날은 억세게 재수 좋은 날이다. '배야 갈 때 되면 가겠지. 설마 마냥 떠 있으려고.'

_선착장 정경. 짐을 던져서 옮기는 모습

갑판으로 나가고 싶은데 하늘을 보니 아무래도 선실로 내려가는 게 좋겠다. 승객들과 짐 사이를 헤쳐 가며 내 자리를 찾아갔다. 비가 한두 방울 바람에 휘날리고 있었다.

---

* 조르하트(Jorhat): 공영 터미널에서 5분 거리. 누구한테나 물어봐도 알려준다. 니마티가트행 버스삯 10루피. 조르하트 〈-〉니마티가트 12km.
* 니마티 가트(Neamati ghat, 선착장): 육지 선착장.

물 위에서 보낸 시간 ²

만석이 된 페리는 물살 따라 힘겹게 흘러가기 시작했다. 긴 뱃고동 소리를 내지 않아 출발한지도 몰랐다. 자리 잡은 지 한 시간이나 지나서였나 보다.

도대체 승객들을 얼마나 태운 건지 마치 출근 시간 지하철 속을 보는 듯하다. 한쪽 벽면에 '정원 160명'이라고 페인트로 얼룩진 글씨가 무색하다. 어림잡아도 수백 명은 되는 듯싶다.

이 정도면 와자지껄 정신을 빼놓아야 정상일 텐데 어쩐 일인지 생각보다 조용한 편이다. 아이들 역시 떠드는 소리가 안 들린다. 제 몸 가누기도 어려운데 입까지 부산하면 안 될 거다. 무심한 표정들을 보니 오히려 신기하게 느껴질 정도다.

가득찬 선실 모습

하필 이때 왜 영화 <쉰들러 리스트(Schindler's List)>가 떠오르
나 모른다. 유태인들이 기차에 실려 가는 장면에서 나왔던, 바로
그 표정들을 보는 것 같아 속으로만 키득키득거렸다.
이 판국에 콘닥터(조수)가 뱃삯을 걷으러 승객들 틈 사이를 지
나가려고 안간힘을 쓰고 있었다. 낑낑대면서도 가는 걸 보면 돈
이 좋긴 좋다. 이미 갑판 위에서 받을 건 다 받고 선실로 들어온
것이다. 손에는 승객들에게 받은 잔돈을 한 움큼 쥐고 있다. 콩
나물시루 속에서 내내 시달리는데 1인당 12루피(약 300원)씩
이나 받는 것은 너무하다. 짐삯은 안 받으면서.

🐌 _페리 티켓

나 어릴 때 일요일에 성당에 미사를 하러 갔을 때 일이었다. 어
떤 남자 신도가 검정 헝겊으로 만든 긴 매미채를 신도들 자리 앞
에다 들이밀고 있었다. 신도 앞으로 올 때 그 속에다 헌금을 넣
었는데 그런 매미채가 배에도 있으면 좋겠다는 생각이 든다. 콘
닥터들이 차비 받는 걸 보니까 퍼뜩 그 장면이 떠오르는 것이
었다.
콘닥터가 대견한 것은 거스름돈이 떨어지면 거슬러 줄 승객을

기억하고 있다가 가트(선착장)에 도착할 때 반드시 준다는 것이다. 이 많은 승객들 틈으로 다시 올 수는 없는 노릇이다. 기억력이 나쁜 사람은 시켜도 못 하겠다. 그 자리 아무나 하는 게 아니다.

이때였다. 타닥타닥 콩 볶는 소리가 나더니 곧이어 천장에서 낙숫물이 뚝뚝 떨어지기 시작했다. 순간 승객들은 물세례 피하느라 북새통을 이루고 있었다. 서로들 조금씩 옆으로 물러가라고 몸으로 밀어 보는데 별 소용이 없었다.
그러다 내 머리 위에도 빗물이 떨어졌다. 나 역시 비켜 보려고 애를 써보지만 비킬 틈도 없거니와 비켜보았자 매한가지였다. 뒤늦게나마 배낭에서 타월을 꺼내 안경 닦는다, 옷에 물기 털어낸다, 부산을 떨었건만 짜증만 더할 뿐이었다.
정말 이상한 것은 나만 방방 뛰지 현지인들은 느긋이 움직인다는 것이다. 아마 당장 목숨이 넘어간다 해도 '나 왜 이러니' 할 사람들이다. 어쩔 수 없다는 걸 아는지라 무심히 있을 뿐이다. 아기들 보채는 소리에 아기엄마만 안절부절 못하고 진땀을 빼고 있었다.

물살을 가르고 유유히 떠가는 배의 낭만은 고사하고 언제 장대비 그치나, 이것만 바랄 뿐이었다. 얼마나 지났을까 실컷 두드리던 드럼(!) 소리도 지쳤나 조용해졌다. 창밖을 보니 여전히 하늘이나 강물은 잿빛이다.

낙숫물 세례로 페리 입성 신고식을 치른 지 한 시간 남짓 지났을 즈음, 페리는 섬 선착장 *카말라바리 가트(Kamalabari ghat)에 닻을 내렸다.

드디어 마줄리 섬 입성! 휴~
얼마 만인가! 감개무량(感慨無量)하다. 돌이켜 보자면 하늘길, 기찻길, 땅길, 뱃길까지 꼬박 3일을 길 위에서 보낸 셈이다. 비행기와 버스로 단번에 올 수 있는 길을 고생을 사서 하면서 돌아서 올 게 뭐람.

_웰컴 투 마줄리

어떻게 뭍으로 나왔는지 모르겠다. 인파에 떠밀리듯 나온 것 같다. 나오면서 두어 사람 발등에 내 발도장을 찍었다.

도착 시간에 맞추어 대기하고 있던 버스에 오르면서 그동안 쌓였던 긴장이 풀리는지 연거푸 하품만 쏟아진다. 다시 배낭의 허리끈을 단단히 동여매고 정신 고삐를 쥐었다.

인천공항터미널이나 강남버스터미널에 보면 인도를 광고하는 대형 스크린이 설치돼있다. 그곳에 쓰여진 '인크레더블 인디아(Incredible India).' 인도하면 떠오르는 문구다. 강에 마치 거대한 빙산이 떠 있는 것 같은 마줄리 섬이야말로 인크레더블!

---

* 니마티 가트(Neamati ghat) to 카말라바리 가트(kamalabari ghat) 선착장. 배로 약 1시간 30분. 1인 12루피. 오토바이 25루피, 승용차 250루피, 승합차 · 버스 450루피(탑승자 포함).

동화 같은 풍경

마줄리로 가는 길목에는 브라마푸트라 강줄기를 타고 널 브러진 초원이 가로놓여 있다. 내가 탄 페리는 막 초원을 지나 고 있다.

마침 창문가 의자에 앉은 터라, 물살 사이로 펄떡이는 물고기들 이나 감상해야지 했다. 그러나 하늘을 보는 순간 그 생각을 접고 눈을 감고 있던 터였다.

이때다. 내 옆 자리에 앉아 있던 아저씨가 별안간 내 팔을 툭툭 치면서 "버팔로(Water buffalo)다!" 소리를 지르는 것이었다. 나는 용수철같이 뛰어 올라 얼굴을 바깥으로 내밀고 후다닥 카 메라를 꺼냈다. 일 분 일 초가 아까운 순간. 지나가버리면 어쩌 나, 카메라의 줌을 최대한 잡아당기면서 포커스를 잡아보았다. 떨려서 집게손가락이 말을 잘 안 듣는다.

찰칵! 찰칵! 그림책에서만 보던 진짜 버팔로였다. 목욕을 즐기 는 놈도, 오수에 취한 놈도, 풀을 뜯는 놈도 있다. 이런 포커스를 잡다니, 버팔로 세상이 화면에 담기는 순간이었다. 다혈질 녀석 들이 유난히 유순해 보인다. 점점 멀어져가는 녀석들을 향해 넋 을 잃고 있었다. 아쉬워 한참을 그대로 있었다.

_버팔로 무리

흥분을 가라앉히고 내 자리에 앉았다. 마치 감동적인 영화 한 편을 보고 극장을 나선 기분이다. 얼마나 정신없이 눌러댔으면 불가에 놓은 물건처럼 카메라가 뜨끈뜨끈할까. 실물에는 꿈적도 안 하던 승객들이 화면을 보려고 야단이다.

잠시나마 내가 물 위에 있었다는 걸 잊은 것 같다. 찍을 때 조금도 방해가 안 되었기 때문이다. 이럴 땐 인도인 성품답게 느긋하게 달리는 페리가 마음에 든다.

아직도 실감이 안 난다. 버팔로가 있던 초원 쪽으로 얼굴을 돌려본다. 원시자연을 접한 SF 영화 속의 주인공처럼 한참을 멍하니 바라보았다. 문명에 길들여진 사람일수록 경이로운 자연에 맥을 못 추는 법이다. 녀석들을 구경하리라곤 감히 상상도 못했다. 생각지도 않은 호사에 입가에 미소가 그려진다.

가르쳐 준 아저씨한테 고맙다고 하니까, 헤헤~ 겸연쩍게 웃고만 계신다. 사진이라도 한 컷 찍어 드릴 걸 그랬나.

🐃 초원 위 한가로운 버팔로

내 옆으로 조개만 한 섬들이 둥둥 떠간다. 종종걸음 치던 갈매
기들이 꾸룩꾸룩거리면서 상공으로 날개를 펴댄다. 어른 손바
닥만 한 물고기들이 물살을 튀기면서 물방울이 내 뺨을 적신다.
버팔로만큼은 아니라도 연이어 눈을 즐겁게 해주는 명장면이
이어지고 있다. 순간 배가 고장이라도 일으켜서 마냥 물 위에 떠
있게 된 나를 상상 해본다. 행복한 순간을 만끽하고 싶을 땐, 그
시간이 멈췄으면 할 때가 있다. 바로 지금처럼!

승객들이 부산을 떠는 게 어느새 선착장에 다 온 듯싶다. 마음을
가다듬고 부려놓은 짐을 챙기기 시작했다.

릭샤가 없다니!

나마티 가트는 육지의 선착장. 카말라바리 가트는 섬의 선착장.

막 배가 도착한 섬 부둣가는 육지보다는 훨씬 바빠 보였다. 사람들이 서둘러 차를 타고 가기 바쁘다. 버스도 택시도 어느 정도 승객이 차면 떠날 참이다. 버스 콘닥터(조수)가 곧 출발하니까 어서 타라고 외친다. *스무(Sumu, 택시) 기사들도 큰소리로 호객 행위다. 여기까지는 여느 동네 버스 터미널과 다를 게 없다. 뭘 탈까 망설이고 있다가 눈에 띄는 게 버스인지라 속히 올라탔다. 여행자가 할 일은 먼저 숙소부터 잡고 다음 일을 해야 하기 때문에 마음이 조급할 수밖에 없다.

버스 안은 이미 만원이었다. 배에서 서둘러 내린 승객들이 먼저 자리를 차지한 후다. 배가 닿기도 전에 왜 앞을 다투어 나가려고 했는지 이제야 알겠다.

가까스로 문틈에 기대어 있는데 한 남자가 자리를 양보한다. 그러잖아도 숙소 위치를 누구에게 물어보나 했는데 잘됐다 싶어 내가 먼저 말을 걸었다. 내가 잘 모르겠다고 고개를 저으니, 콘닥터에게 어디에 내려주라고 말을 해놓는 것 같다.

우리는 외국인이 길이라도 물어볼라치면 도망가기 바쁘지만 이

🐜 버스

_스무(택시)

들은 대체로 친절한 편이다. 때로는 친절이 지나쳐 몰라도 안다고 해서 난감할 때도 있다. 그래서 '적어도 세 사람에게 물어보라'는 말이 생길 정도다.

얼마를 달렸을까, 콘닥터 지시대로 내렸다. 여기부터는 택시나 릭샤로 갈아타고 들어가야 한다. 한참을 기다렸는데도 오토바이나 자전거만 지나가지 다른 교통수단이 눈에 안 띄었다. 이상한 일도 다 있다. 인도 하면 릭샤인데.

어느새 해는 기울어져 조금 있으면 땅거미가 질 때다. 초행길이라 어두워지면 숙소를 제대로 찾아갈지 의문이다. 성미 같아선 후다닥 걸어가는 게 좋겠지만 가이드북에 나온 약도 가지고는 길 잃어버리기 십상이다. 얼마를 기다렸나 겨우 빈 택시 한 대를 잡을 수 있었다. 기사가 구세주로 보인다.

이곳 스무는 만원 버스를 대신해서 일정한 구간만 운행한다. 6인승에 열 명을 태우는 대신 버스 요금보다 조금 더 얹어주면 된다. 아무 데나 내려주고 다시 손님을 태우는 합승차다. 그러나 승객이 다 찰 때까지 기다려야 하는 불편은 있다. 그런데 내가 가야 할 동네는 나 한 사람뿐이라 요금은 부르는 게 값이었다. 배가 아프지만 '기사 맘대로' 요금을 다 내고는 물어보았다.

"오토 릭샤나 사이클 릭샤가 안 보여요. 파업했어요?"

"릭샤라뇨? 여기는 릭샤 없어요."

"인도 아닌가요?"

릭샤가 없는 인도는 상상이 안 되기 때문이다.

아쌈 주에 오니까 여타 도시처럼 타라고 끈질기게 따라 붙는 릭샤 왈라(아저씨)가 없어 좋았다. 또 요금을 일단 세게 불렀다가 지칠 때까지 깎아야 하는 흥정의 고수도 없어 좋았다. 그래서 여행할 맛이 난다고 했건만은 그런 착한 왈라가 없다니⋯ 다 어디로 갔을까.

사이클 릭샤(Cycle Rickshaw)는 오직 사람의 노동력으로만 움직인다. 일일이 바퀴를 굴려야 가기 때문에 먼 거리를 뛰지 못하는 대신 시장을 가거나 좁은 골목길에는 이것만 한게 없다. 너무 싼 탓에 때로는 돈을 주고도 미안하다. 그래서 탈 때면 많은 생각이 교차하곤 한다.

오토바이 엔진을 단, 세 바퀴 오토 릭샤(Auto Rickshaw)는 오일을 넣어야 굴러가는 차다. 굉음을 내지르고 쏜살같이 질주 할 때 보면 경주용 차 못지않다. 복잡한 큰길에서 미꾸라지처럼 빠져 나갈 때면 심장이 벌렁거려 명줄을 재촉한다. 홀라당 뒤집어질 것 같다. 실제로 바퀴가 하늘을 보고 있는 릭샤를 본 일이 있다.

사실 인도의 교통 매너는 거의 제로에 가깝다. 아이러니 하게도 평소에는 너무하다 할 정도로 느긋한 사람들이 운전대만 잡으면 폭주족으로 변하는 게 이상할 정도다. 카레이서라도 된 것처럼 짜릿한가 보다.

매연을 마구 뿜어댈 때면 뒤꽁무니가 뿌옇다. 그럴 땐 아예 눈을 감고 입을 봉해버린다. 그러나 먼 거리를 뛴다는 이점과 택시보다 가격이 착해 여행자들에게 인기가 높다.

두 개의 공통점은 흥정에 의해 가격이 결정된다는 것이다. 오토 릭샤는 미터기가 달려 있지만 제대로 켜고 가는 걸 한 번도 본 적이 없다. 어쨌거나 여행자의 발이 되어주는 고마운 교통수단이다.

당국에서 공해의 주범인 오토 릭샤를 폐기 못 하는 이유는 인구 10%의 남자들이 이 일을 하고 있기 때문이다. 타는 사람이나 운전하는 사람이나 윈-윈(win-win). 그런 릭샤가 없다니 말도 안 된다.

섬 인구는 고작해야 20만여 명에 불과하다. 면적에 비해 인구 밀도가 아주 낮다. 때문에 버스가 실시간 운행하다가는 버스 회사는 망할지도 모른다. 노선은 세 군데인데 지역에 따라 하루 두 번, 네 번만 달릴 뿐이다.

거기다 도로 사정이 한몫을 한다. 흙먼지 풀풀 날리는 울퉁불퉁한 길에 오토 릭샤가 다니기에는 마땅치 않은 도로다. 이러니 사이클 릭샤는 아예 명함 내밀 생각도 못 한다. 더 구체적으로 들어가면 스쿠가 어디서나 활발하고 집집마다 승용차, 오토바이, 사이클 중 한 대는 늘 비치돼 있다는 거다.

급히다고 헐레벌떡 뛰어가는 사람도 없거니와 택시를 잡으려고 발을 동동 구르는 사람도 못 봤다. 우연히 이른 아침에 조깅하는 남자를 본 일이 있는데 서양인 여행자였다.

가급적이면 걷고 필요하면 두 바퀴 달린 마이카(!)를 이용하는 섬사람들에게 릭샤란 귀찮은 존재일 수도 있다. 인도이면서 인도의 또 다른 이국적인 풍경이다. 그런 것이 섬만이 가지고 있는 자랑거리다.

그래도 나그네 입장에선 아무 데서고 잡어타는 오토 릭샤가 편한 거다. 이러니저러니 해도 인도다운 게 좋다.

두바이의 7성급 게스트 하우스

가이드북에 나온 마줄리 숙소 편을 보면 *게스트 하우스가 꽤 많다. 골라 보는 재미도 있겠다 싶어 지도에서 위치만 확인하고 발로 찾아 나섰다.

🐾 가라무르 시티 거리 모습

번화가인 가라무르 시티(Garamur city)는 한국으로 말하면 서울의 명동 격이다. 막상 찾아오긴 했지만 어디로 가야 할지 막막하다. 누구한테 물어보나 사방을 두리번거리는데 금세 어디서 나타났는지 웬 남자가 내 앞으로 다가왔다.

나그네가 집채만 한 배낭을 짊어진 채 길에서 서성거릴 때면 뭐 때문이겠나. 눈치를 보아 하니 그 남자, 숙소에서 보낸 삐끼는 아닌 것 같다. 묻지도 않았는데 "마담, 호텔 찾으세요?"라고 말하며 내 대답을 듣기도 전에 지적에 있는 곳을 안내해 주겠단다. 지나친 친절은 조심하라고 했다. 경계를 늦추면 안 되는데 하다가도 다급하니까 '따라가, 말아?' 나 자신하고 타협이 시작됐다. 썩 믿음이 가는 건 아니지만 오지 섬에서 뭔 일이 있을까 싶어 심정이 기울어진 건 '믿어 봐' 쪽이었다. 사건사고 소식은 되바라진 데서 많이 일어나는 법이라고 스스로를 위로하면서.

숙소 주인이 원룸 싱글 베드는 서양인들이 들어 있다고 도미토리를 쓰란다. 남자는 마땅치 않아 하는 내 표정을 읽고는 근처 다른 곳을 보여주겠단다. 그러나 그를 따라간 두 번째 숙소도 빈방이 없었다.
성수기도 아니건만 빈방이 없다니 어쩌지, 난감해하고 있는데, 남자가 "원 미뉴트(One minute)." 하고는 어디선가 즉시 오토바이를 가지고 나오더니 다짜고짜 타란다. 괜찮은 데가 있는데 조금 떨어져 있어서 그렇단다. 심사는 더 복잡해지고 있었다. 속으로 '이 사람 납치범이잖아!' 타지 않겠다고 고개를 설레설레 흔들었다. 걱정하지 말고 타라는데 어찌 걱정이 안 되나. 날도 어두워지는데 처음에 보았던 도미토리로 갈까 갈팡질팡하던 차였다.
이때 숙소 앞에 서 있던 남자들이 초조해하고 있는 내가 안돼 보였는지,
"마담! 타도 돼요. 이 사람 조르하트(Jorhat) 시티 뱅크에 근무

하는 은행원이에요."
이 한마디에 졸였던 가슴이 순간 좍~ 펴질 줄이야.

날은 이미 저물어 거리 풍경이 가물가물하다. 뒷자리에 얹혀서
따라간 곳은 중심가에서 멀리 떨어진 사뜨라에서 운영하는 게
스트 하우스였다. 담당 수도사가 오더니 한 방에 침대가 셋인 도
미토리 룸을 보여준다. 널찍널찍한 방들이 꽤 되는 것 같았다.
미안해서 이번만큼은 싫으나 좋으나 정해야 한다. 그러나 숙소
를 고를 때 손님이 아예 없거나 주위보다 동떨어진 곳은 기피 대
상 1호다.
여기도 비록 사뜨라는 붙어 있지만 구멍가게 하나 없는 아주 한
적한 곳이다. 별안간 무서운 생각이 든다. 하필 이때 괴기 영화
의 한 장면이 떠오르는 것이었다. 여기도 안 되겠다는 판단이 섰
다. 염치 불구하고 다른 곳을 가자고 부탁을 했다.
남자는 여기가 어때서, 하는 표정을 이내 짓는다.

네 번째로 간 곳은 또 다른 사뜨라의 게스트 하우스였다. 여기도
독방은 이미 손님이 들어 있었다. 그러나 구멍가게가 근처에 있
고 앞서 보던 절간 같은 데는 아니었다. 무섭다는 걱정은 지레
안 해도 될 것 같았다. 더 이상 따질 것 없이 도미토리에 묵기로
했다. 마음에 안 들면 내일 아침에 옮겨도 늦지 않다.

카말라바리 시티에서 1km 떨어진 *우타르 카말라바리 사뜨라
게스트 하우스, 2호 룸.

남자를 쳐다보니 그제야 안도하는 표정이다. 너무 미안해서 고맙다는 인사만 내리 두 번을 했다.

며칠이 지나도 숙소를 옮기지 않았다. '귀차니즘'을 핑계 삼아 눌러 있자는 게 아니다. 숙소가 다 그게 그거라지만 그런 이유는 더욱 아니었다.

세 사람이 써야 할 방을 통째로 쓸 수 있었다. 비수기라 누가 들어온다는 것은 이미 물 건너간 일이기 때문이다. 오히려 끝까지 방 한 칸만을 고집했더라면 아마 갑갑해서 옮겼는지도 모를 일이다.

실은 숙소의 매력은 다른 곳에 있었다. 마당에 완벽한 어둠이 깔렸을 때 그 실체를 드러냈다. 무심코 고개를 올려보다가 깜짝 놀랐다. 달빛이 흐르는 밤하늘은 별사탕 그 자체였다. 마치 천체망원경으로 들여다보듯 깨알같이 흩어져 있었다. 우주의 별들이 다 그곳에 출동한 듯.

반딧불이 얼마나 많이 날아다니면 다이어리 글씨가 보일 정도일까. 반짝이가 공중에 무수히 펼쳐져 있었다. 반딧불에 책을 본 게 언제였는지 기억을 찾아가는데 아른아른했다.

불시에 나가는 전기 때문에 그렇게 멋진 밤이 될 줄이야. 그 덕에 언제라도 촛불잔치 할 만반의 준비는 되어 있었다. 그럴 때면 방문과 현관문을 활짝 열어 놓았다. 달빛과 별빛까지 잔치에 초대를 했으니까. 촛불이 사그라질 때면 전기가 알아서 들어와 주었다.

한국에서 그런 잔치 해 본 적이 언제였더라. 생일 케이크에 촛불 붙이는 때 외에는 없었던 것 같다.

새들의 합창을 아침 알람(or 모닝콜) 삼아 눈을 떴다. 눈 뜨는 순간 내가 어디에 와 있는지 헷갈렸다. 밤부터 들뜬 마음은 유년의 필름을 넘기고 있었다.

두바이의 7성급 호텔이 이보다 더 환상적일까. 당장 자랑이 하고 싶은데 외국인은 나밖에 없으니… 다이어리에나 남겨야지 달리 재간이 없다.

메인 사뜨라에는 반드시 알베르게(Albergue, 순례자용 숙소)가 딸려 있다. 전국 각지에서 오는 순례객들을 위한 배려. 시설 면에서 개인이 운영하는 것보다 켤코 뒤떨어지지 않는다. 번화가에서 조금 떨어져 있다는 점이 다를 뿐. 한적한 곳을 찾아 자연을 가까이 하고 싶은 사람들에게만 '환영합니다'이다.

의심이 들어 나만의 길을 재촉했더라면 이런 특별한 행운을 누릴 수 있었을까. 은행원도 그렇지 믿는 마음이 없었다면 선뜻 나에게 다가갈 수 있었을까.

*니체(Nietzsche)는 '가장 중요한 것은 길 위에 있다'고 했다. 이렇게 불쑥, 예고도 없이 여행길에서 만난 사람들에게 조금만 마

음을 열어 보자. 길 위에 얼마나 무수한 인연들이 널려 있는가를 알 것이다. 모두가 여행을 풍성하게 해주는 귀한 존재들이다.

생면부지의 사람한테 네 번이나 숙소를 안내 받았다. 귀찮을 법한데 흔쾌히 나그네의 청을 들어준 '친절 서비스인'이다.
"어디 사세요? 제가 내일 점심을 대접할게요."
"저도 섬에 안 살아요. 친척 집에 잠깐 놀러 왔는데 내일 아침에 나갑니다."
하는 수 없이 휴대폰 번호만 달랑 받고 헤어졌다.
마음에서 김이 모락모락 날 것 같은 따뜻한 사람. 조르하트는 반드시 거쳐야만 하는 도시다. 시티 뱅크를 찾아가서 빚진 점심을 대접해야겠다.

* 게스트 하우스
  카말라바리 시티: 일반 게스트 하우스 2곳, 샤뜨라 게스트 하우스 3곳.
  가라무르 시티: 벰부 하우스(방갈로) 2곳, 샤뜨라 게스트 하우스 1곳.
  벙가온 시티: 샤뜨라 게스트 하우스 1곳.
* 우따르 카말라바리 샤뜨라 게스트 하우스(Uttar Kamalabari Satra Guest house): 샤뜨라에 딸린 도미토리, 메인
  수도원 중 하나, 1676년 설립.
* 마줄리 합승 택시 요금: 가트(선착장) to 카말라바리 시티, 10루피.
  가트(선착장) to 가라무르(Garmur) 시티, 20루피.
* 니체(Friedrich Wilhelm Nietzsche): 독일의 철학자, 프리드리히 니체.

보물섬이여, 영원하라!

티베트 고원 남부의 카일라스 산맥에서 시작해 아쌈
으로 흐르는 대동맥 브라마푸트라(Brahmaputra) 강! 강줄기는
방글라데시로 들어가 성지 갠지스 강과 합류한다.
그 강의 한가운데 언제 솟아올랐는지 거대한 땅이 있었다. 이름
하여 *마줄리 섬(Majuli island)이다. 강섬으로는 세계 최대로 *서
울특별시, 대구광역시보다도 큰 면적이다.
섬 둘레를 도는 데 발품으로는 14일, 힘차게 페달을 밟고 가도 7
일 걸린다고 한다. 얼마나 넓으면 그럴까.

_브라마푸트라(Brahmaputra)강

지명의 유래를 알면 과거의 모습을 어렴풋이 더듬어 볼 수 있다. 지명은 그 지역의 상징인 깃발이나 다르지 않다. 먼 옛날과 지금의 모습과는 현저한 차이가 나지만 자연의 모습은 늘 한결같다. 주민들이 자연과 하나가 된 시기는 아주 오래전이었을 것이다.

마줄리는 본래 샛강의 이름이었다고 한다. 샛강 사이에 끼어 있는 넓은 땅으로 한두 사람씩 이주를 해 오면서 섬 이름도 마줄리가 되었다는 기록이 있다. 물 따라 산 따라 마을이 형성되니까 그럴 만도 하겠다.

지도를 보면 신기한 게 마치 태아를 감싼 양수처럼 강이 마을을 품고 있는 형국이다. 그 모양새부터가 사람의 마음을 편안하게 해준다. 강과 주민이 헤어져서는 살 수 없는 최고의 궁합인 것이다.

그래서인가 그들에게는 수백 년을 오로지 한곳에 터를 잡고 사는 트라이브(Tribes, 부족) 수가 다른 주에 비해 유난히 많다. 모두가 다 강을 중심으로 기대어 살아온 마줄리 *토속 원주민들이다.

*미싱 족은 논밭과 가축 농사를, 데우리 족은 대장간과 정미소를, 마타크 족은 마을 공동체 리더로 살아온 사람들이다. 또 소노왈 카차리 족의 조상은 강에서 금을 채취해 아홈(Ahom) 임금에게 바쳤던 부족이다. 쿠마르 족은 식생활에 필요한 도자기 굽는 일을 해 왔다.

모두가 그렇게 삶을 이어오면서 종족을 보존시켜 왔던 것이다. 요즘은 많이 퇴색한 경향이 있지만 조상 대대로 하던 일을 이어서 하고 있는 부족들이 상당수다.

대부분의 땅은 논농사나 밭농사가 차지한다. 하지만 놀고 있는 땅은 있어도 쓸모없는 땅이란 없다. 일거리를 찾자면 부지기수지만 자연을 건드리지 않고 그대로 놔두는 사람들의 천성도 한 몫을 한다.

하늘로부터 비옥한 땅, 강을 선물로 물려받은 주민들은 하루에 필요한 양만 일하면 된다는 생각을 가지고 있다. 악착같이 더 일을 해서, 더 가져가야 속이 풀리는 우리하고는 사고가 다를 수밖에 없다.

'감나무에서 감 떨어지기만을 기다린다.'라는 속담이 있다. 우리는 게으름에 비유하지만 그들은 느긋하게 기다릴 때 쓰는 비유법이다. 일을 많이 하는 사람들이나 생각을 많이 하는 사람들을 안쓰럽게 보는 경향이 있다. 머리가 나빠진다고 한다.

시계가 멈춘 그곳은 정말 급한 게 아무것도 없다. 더디 자라는 만큼 오래 살아남고 오래가기 위해서는 느리게 가야 한다는 지혜를 알고 있는 사람들이다.

"한국 사람들은 밤에도 일한다면서요?"

'저녁형 인간'을 어디에선가 들은 모양이다.

주민들은 강물을 길어 마시고 그 물에 몸을 씻고, 그 물에서 고기를 잡아 일용할 양식을 얻는다. 강은 그들에게 놀이터이자 다양한 먹을거리를 무상으로 제공해주는 자연 수족관이다. 이러니 지루할 틈이 없다.

건기 때 물이 모자라면 모자란 대로, 우기 때 물이 넘치면 넘치는 대로 그렇게 살아가는 주민들이다. 작은 배를 타고 투망질 하는 어부, 사람들을 실어 나르는 뱃사공 모두가 자신에게 주어진 일만 묵묵히 할 뿐이다. 자기네 일 말고는 관심 밖이다. 이들이

소 먹이용 풀을 가져가는 아저씨

수영하는 아이들

뭐가 답답해서 남의 나라 G20 정상회의가 궁금하겠는가.
마줄리에 여타 인도의 주처럼 호기심을 자극하는 명소는 많지
않다. 그런 곳은 인도 어디를 가도 눈이 시리도록 '보고 또 보고'
다. 누군가 백번을 여행해도 다 못 보는 곳이 인도라 했다. 섬만
의 독특한 문화와 무구한 천혜 자연이 아직도 살아 숨 쉬고 있는
곳이다. 그런 걸 만나는 게 여행의 묘미 아닐까.

Photograph by Manash Jyoti Dutta, in Assam INDIA

섬은 바람에 몸을 섞고 햇살에 볼을 비비고 새들을 품어 거둔다. 들판을 기름지게 만들어 주민들을 살린다. 곧으면 곧은 대로 휘면 휜 대로 버텨온 나무들이다. 시야에 들어오는 펼쳐진 사물을 보고 있으면 문득 시간을 거슬러 태초에 자연을 보는 듯, 짜릿함을 느낄 때가 있다.

마줄리

풍부한 물고기와 기름진 쌀이 넘쳐나고
바람이 속삭이고 강물이 흘러가는 곳.

아침에는 온갖 새들이 노래를 부르고
저녁에는 심벌즈와 찬양예배가 울려 퍼지는 곳.

*산자이 고쉬(Sanjay Ghosh)

술 익는 마을에 사람과 희귀동물이 공존하는 전설 같은 이야기
들이 부지기수다. 인간의 발길이 닿지 않았다는 이유로 야생의
모습 그대로 남아 있는 원시림이야말로 보물섬이다. 깊이 들어
가면 갈수록 생긴 그대로의 모습에 넋을 잃게 된다. 굳이 자연
을 찾아간다거나 자연스럽게 살려고 노력한다거나, 이런 게 필

요 없다. 산다는 것 자체가 자연인 것이다. 여기서 자연은 삶과 동의어다.

이렇듯, 거대한 강을 낀 천혜의 청정지역이 남미의 아마존과 닮았다 해서 인도의 아마존이라 불리는 마줄리 섬! 현재 *유네스코 세계유산으로 지정되어 있다.

주민들이야 늘 그렇듯 오늘도 고기를 잡고 염소를 기르고 생업을 이어갈 것이다.

🐾 Photograph by Manash Jyoti Dutta, in Assam INDIA

═══
* 마줄리(Majuli): 조르하트(Jorhat), 십사가르(Sivsagar), 라킴푸르(Rhimpur), 트라이앵글 행정구역에 속해 있다. 면적 886㎢.
* 서울특별시: 605.41㎢, 대구광역시 884.46㎢.
* 원주민: 아쌈에서는 아디바시(Adivasi)라 부름. 메인 트라이브; 미싱(Mising), 데우리(Deuris), 소노왈 카차리 (Sonowal Kacharis), 마타크(Mataks), 쿠마르(Kumars).
* 미싱 족: 전체 인구(2010년 인구 Sensus 조사) 19만 9천 명, 미싱 족 35%.
* 산자이 고쉬(Sanjay Ghosh): 벵골태생, 의사이자 시인, NGO 멤버.
* 1985년, [희귀새 이동경로지]로 유네스코 세계유산으로 지정.

죽기 전에 꼭 가봐야 할 곳

몇 해 전 영국 BBC 방송국이 '죽기 전에 꼭 가봐야 할 곳 (To see before you die)' 50곳을 선정한 바 있다. 미국의 '그랜드 캐니언(Grand Canyon)'이 1위였고 폴리네시아의 '보라보라 섬(Borabora island)'이 50위 턱걸이로 영광의 자리를 차지했다.
인도도 두 곳이 끼여 있었다. 6위에 오른 *암리차르(Amritsar) 황금사원과 10위의 타지마할 사원(Taj Mahal Temple)이다.

그때부터 외국의 어디를 정해 놓고는 꼭 그곳만은 가봐야 한다는 말이 유행처럼 번졌다. '죽기 전에 꼭 가봐야 할 곳'이 너무 많다. 여행지도 속도가 있다고나 할까. 마치 그곳을 가보지 않고는 죽을 것 같은 인상을 받으니 말이다.

하지만, 순위 선정을 한 담당자가 마줄리 섬에 가봤더라면 아마도 순위가 바뀌었을지도 모른다.
현대 문명에 가려서 마줄리 길을 찾기까지는 순탄한 여정만 있는 건 아니었다. 보석이 아무 데나 있으면 보석으로의 가치가 떨어져서일까. 꼭꼭 숨어 있어 여간 어려운 게 아니었다.

크리스토퍼 콜럼버스(Christopher Columbus)가 신대륙을 발견한 데는 선박이 한몫을 했지만 마줄리를 발견한 데는 나의 두 발이 한몫을 했다. 닳아버린 샌들이 그 증거다.

🦂 _여행 내내 필자와 함께 한 샌들. 다 닳아버렸다.

이 신비한 세상을 맘껏 볼 수 있다는 것만으로도 나에겐 로또 복권에 당첨된 거나 마찬가지다. 아마 머지않아 섬 주민보다 여행객이 많아질 것이다.

점점 여행 패턴이 진화하고 있는 추세다. 발도장 한번 찍고 떠나는 눈요기에서 벗어나 이제는 가슴으로 보는 감성 여행에 초점을 맞추려 한다. 생생한 자연과 접하며 순박한 주민들과 친구가 되어, 쉬면서 즐기는 휴식 여행으로, 더불어 색다른 문화 체험이 있으면 금상첨화다.

사람들은 네 개의 바퀴자국보다 두 발자국을 오래 남기고 싶어 한다. 세상에서 하나뿐인 나만의 추억을 만들고 싶은 심리가 깔려 있다.

마줄리 3대 아이콘으로 사뜨라(수도원), 뱀부(대나무), 초등학교를 꼽는다. 초등학교는 왜 들어 있는지 잘 모르겠다. 인구수 대비 학교가 너무 많아서 그런가. 내 여행 경험으로 비추어 봐서는 트라이브(부족), 아뽕(쌀막걸리), 원시림을 꼽겠다.

부족들과 어울려 쌀막걸리를 마시면서 대나무 숲에서 뿜어대는 산소에 취해 보는 웰빙 여행 어떨까? 나만을 위해 숨겨두기에는 아까운 곳이다. 어서 당신의 발자취를 남겨 놓기를 바란다.

━━━
* 암리차르 황금사원: 펀자브(Punjab) 주 암리차르에 있는 시크교(敎) 사원.

아마존 숲길을 따라

마을 어귀에서 만난 아주머니들이 나보고 어디를 가냐
고 한다. 풍경이 좋아서 걷는다 했더니 그러지 말고 뱀부 숲에
가보라고 한다.
"얼마나 멋있는데요? 여기보다 더요?"
깔깔, 웃겨 죽겠다는 듯 여기가 멋있냐고 되묻는다.

손금 들여다보듯 환하게 알고 있는 주민들이 어쭙잖은 안내책
자나 가이드보다 한수 위일 때가 있다.
*가라무르(Garamur) 가리 알리(사거리) 큰길에서 아주머니
들이 가르쳐준 대로 강변을 따라 어느 후미진 숲길로 들어섰다.

와! 뱀부 가로수가 양쪽으로 도열해 있는 게 손님이라도 맞이하
려나 보다. 도대체 누가 이런 길을 만들어 놓았을까. 초장부터
풍경에 압도되고 만다.
소형차 두 대가 비껴 갈 수 있는 길이라면 좁은 길이 아니건만
나무에 가려 하늘이 한 뼘만치만 보였다. 오토바이가 지나칠 때
마다 잎사귀들이 툭툭 떨어진다.
자잘한 가지 사이로 흐르는 햇살이 찬 공기를 덥혀주고 있어 걸
을 만하다. 숨바꼭질이라도 하자고 한 것처럼 햇살이 보였다 안

보였다 한다.

들어갈수록 숲이 깊어지는가 싶더니 엉킨 가지들이 풍경을 반넘게 가리고 있었다. 영화 <아바타(Avatar)>의 주인공이 튀어나와 줄나무 가지를 타고 유유히 돌아다닐 것만 같은 기운이 돈다. 흰 가지들이 동아줄처럼 줄줄이 매달려 있다. 간간히 새들의 부산한 몸짓만이 나무를 피해 가느라 수선스럽다.

공기부터 다르다. 숨을 내쉬는데 약수 한 컵 마신 것처럼 시원하다. 이 속으로 들어가면 정말 <아바타> 같은 세상이라도 펼쳐질까. 기분 좋은 공상을 해본다. 잡초들로 수북한 바닥은 한동안 사람의 발길이 뜸했지 싶다. 푹신푹신해서 얼마든지 맨발로 걸어도 되겠다.

뱀부 숲이 있다는 건 강바람에 공기가 습하다는 증거다. 우후죽순(雨後竹筍)이라는 말처럼 물을 아주 좋아한다. 가뭄으로 인해 물이 부족하면 꽃을 피워 번식을 할 만큼 자체 자생능력이 강하다. 가을이면 누런 벼이삭 같은 꽃이 피어나서 섬 전체를 황금색 퍼레이드로 장식한다고 한다. 아주머니들이 나보고 그때 한 번 더 오라고 하는데, 마치 제주도민이 서울에서 내려온 손님에게 말하듯 해서 그냥 웃어넘겼다.

뱀부의 특징은 가지마다 일정한 간격을 두고 마디를 지으며 하늘 높이 자란다는 것이다. 그런 까닭에 아무리 심한 태풍이 불어도 부러지지 않는다. 그것은 몸통의 성장을 돕는 마디가 가지고 있는 자연의 조화 때문이기도 하다. 매듭을 형성해 주는 작은 마디도 눈여겨볼 일이다. 마디 개수에 따라 나무의 나이를 짐작할 수 있다.

마디를 보고 있자니 많은 생각이 든다. 우리 인생도 세월의 마디가 많을수록 힘들 때 버팀목이 될 것이다. 마디 위에서 새 줄기가 다시 나오는 것처럼 마디는 끝이 아니라 새 출발을 알리는 희망이다.

우기가 끝날 무렵이라 그런지 죽순이 10m 높이로 돋아 있는 걸 볼 수 있었다. 꼭 죽순을 따서 먹으라는 주민들 당부도 있던 터라 하나 따려는데 미끄러지기만 하고 따지지가 않는다. 더위를 식혀주는 비타민 B, C가 들어 있어 맛을 필히 봐야 한단다. 그래야 여행한 보람이 있다고 덧붙인다.

숲이 언제쯤 끝이 날까 싶을 때 마을이 나타났고 그것이 곧 나의 쉼터 자리다. 조바심이 안심으로 바뀌는 순간 피곤이 몰려왔다. 집 앞에서 놀던 아이들이 나를 보더니 손을 놓고 쳐다본다. 구슬만한 돌이 흩어져 있는 걸 보니까 공기놀이를 하고 있었던 모양이다. 계속하라고 손짓을 보내는데도 물끄러미 쳐다만 보고 있다.

걷는 것도 슬슬 꾀가 나는데 이참에 아이들과 이런 놀이나 하고 하루를 때울까 생각해 본다. 어렸을 적 내가 놀던 놀이랑 같을 것 같다. 그 공기놀이는 유년의 추억이 켜켜이 쌓인 놀이였건만. 그때 함께 놀던 이웃집 선영이는 잘 사는지….
아이들의 모습이 사뭇 행복하게 보여 조심스럽게 카메라를 들이대지만 잠자코 있을 뿐이다. 수줍은 듯 고개를 숙이는 게 전부다. 오히려 닭장 안이 더 시끄럽다. 토종닭들이 붉은 벼슬을 뽐

내고 있어 렌즈를 그 쪽으로 돌렸다.

풀밭에 퍼질러 앉아 아이들에게 카메라 화면을 보여주면서 쉬고 있는데, 졸졸졸 해맑은 소리가 어디서 나나했더니 근처 샛강에서 흐르는 물소리였다.

아이들 볼을 만지는데 피부가 꺼끌꺼끌하다. 손을 대도 별로 싫어하는 기색 없이 무덤덤하다. 사뜨라 근처에 사는 아이들처럼 사진 보려고 덤빈다거나 앞을 다퉈 내 앞에 서려고 하는 게 없다. 똑같은 아이들이건만 그곳 아이들과 사뭇 다르다.

마당 한편에 보니까 장정 두 명이 사다리 위에서 큰 뱀부를 자르고 있다. 그런데 대톱 연장이 사람보다 더 크다. 양쪽 두 명이 낑낑대면서 밀고 당기고 한다. 소인국에서 온 걸리버를 연상시킨다. 고목보다 단단하고 일반 나무보다 굵기 때문에 웬만한 톱으로는 연장만 부러지기 일쑤다. 숲 주위에는 잘라낸 가지를 꼬고 엮고 하는 사람들이 자주 눈에 띈다. 이런 재료로 쓰임새는 무궁무진 할 거다. 하나도 버릴 게 없는 나무가 바로 뱀부다.

한참을 걷고 나니, 마치 강태공이 월척이라도 낚아 올린 것처럼 뿌듯하다. 세상의 일 따위야 까맣게 잊어버린 채 머물고만 싶은 길이다. 해가 이미 설핏하여 그만 발길을 돌려야 했다. 나머지는 아꼈다가 다음에 봐야지.

자기 전, 세수를 하고 로션을 바르려고 거울을 보니 눈이 퀭한 게 1kg은 빠진 것 같다. 그 정도 빼려면 한국에서는 꼬박 일주일은 저녁을 굶어야 된다. 내일도 걷는다면 또 1kg 빠지겠다. 운

🦎 _대나무를 자르는 모습

동기구 사서 억지로 빼느니 그 비용으로 마줄리 오는 게 났겠다.
다이어트도 하고 천연산 죽순 맛도 볼 겸 해서.

휘어진 가지를 닮아서 그런가 사람들 성격을 보면 대체로 뻣뻣
하지 않고 유하다. 나무와 이웃하면서 사는 방법을 체득했기 때
문이다. 옛사람들은 자연을 피하지 않았으며 자연과 승부를 걸
지도 않았다. 그렇다고 그들의 삶이 남루했던가.
'꼭 한번 가보고 싶은 길'에 뽑힌 한국의 담양 대나무길이 떠올랐
다. 담양 대숲이 점잖은 선비의 자태라면 마줄리의 숲은 수염을
깍지 않은 너그러운 아저씨 품속이라고 하고 싶다.

===
* 가라무르(Garamur): 메인 선착장에서 10km 떨어진 제일 큰 번화가.

아이들은 다리 위에서 자란다

동네 어귀를 지나다 보면 뱀부로 만든 출렁다리가 펼쳐져 있다. *연간강수량이 워낙 많은 지역이라 어디든 실개천이 흐르고 있어서다. 물 위에 떠 있다고 구름다리라고도 한다.

어렸을 때는 얼굴과 마음이 예쁜 선녀나 건너는 다리로 알았다. 동화책을 보면서 희망을 키워왔다. 이런 막연한 꿈은 어른이 된 후에도 호기심으로 남아 있었다. 마치 그 다리만 건너면 무엇이든 다 될 것만 같았다.

그런데 다리 앞에서 잠시 고민에 빠졌다. '이걸 밟고 걸어가, 말아?' 눈이 크면 겁이 많다고 몇 발자국 걷다 포기하고 되돌아 나오곤 했다. 이것도 한두 번이지 다리를 건너지 않으면 아예 동네에 들어가지 못한다. 하는 수 없이 용기를 내서 걸어보기로 했다. 처음에 몇 발자국 걷는데 머릿속이 하얘졌다. 한 번 더 시도를 해 본다. 이번엔 열 발자국을 걸어보았다. 옳거니! 살살 디디면 되겠다. 누군가 걸어가고 있으면 더 출렁거리니까 그럴 때는 내가 먼저 포기했다.

반대편에는 자전거를 타고 건너려던 사람이 내가 갈 때까지 기다리고 서 있다. 걷는 것도 망설여지는 내 앞에서 자전거라니. 이럴 땐 먼저 가라고 내가 손짓을 보낸다. 이러길 몇 번, 드디어 편하게 건널 수 있게 되었다.

바닥 틈새로 수초에 연보라색 꽃이 피어 있는 것이 보인다. 너무 앙증맞아서 손이라도 닿으면 톡, 하고 치고 싶을 정도. 용기를 내면 이런 보너스까지 얻을 걸 우리는 사소한 것도 지레 포기부터 할 때가 있다.

아이들은 다리 위를 팔랑팔랑 뛰어다닌다. 출렁대든 말든 뛰어
가느라 정신이 없다.
"넘어지기라면 어떡하니?"
"용수철이 튀는 것 같아 재미있는 걸요!"
그렇다. 옛날에 침대가 처음으로 집에 오던 날 매트 위에서 팔
딱팔딱 뛰고 놀았다. 그런 놀이를 섬 아이들은 다리 위에서 척
척 해내고 있었다.
에버랜드에 가면 공중으로 튀어 오르는 트럼펠린 놀이가 있다.
모두가 그런 출렁다리의 원리를 이용한 게 아닌가 하는 엉뚱한 추
리를 해본다. 아이들 입장에선 다리가 더 출렁거리길 바랄 거다.

한낮의 찌는 더위를 피하기에는 다리가 제격이다. 그 밑에서 아
이들이 고기를 잡거나 물놀이를 하는 광경을 심심찮게 볼 수 있
다. 내가 지나갈 때면 물이 내 옷에 튀길까봐 하던 장난을 잠시
멈추곤 한다. 가만 있어 보자… 열한 명이면 바람 넣은 튜브 공
이라도 하나 있으면 축구 경기하면 되겠다. 알몸으로 놀면서도

부끄러움이 뭔지를 모르는 순박한 아이들이다.
'너희들 강변 생활은 지루하지 않겠다.'

다리의 선은 언제나 활의 선처럼 포물선을 긋고 있다. 다리를 건너면서 자라는 아이들이 마음까지 부드러워지는 것은 어찌 보면 당연한 일이다.
건너에는 마을 지붕들이 짝을 맞추어 둥글납작하게 엎어져 있었다. 안개라도 낀 날이면 물 위에 떠 있는 다리가 그렇게 그윽할 수가 없다. 맑은 날이면 똑같은 다리가 두 개나 된다. 물속에 들어있는 다리는 한 폭의 수채화를 그려낸다.

아이들에게는 놀이터고 어른들에게는 이웃과 정을 터주는 건널목이다. 늘 누군가를 기다리듯, 낮은 자세로 서 있는 다리는 시간도 바람도 살짝 머물다 가라고 손짓을 보낸다.

맨발로 걸으면 더 좋다고 한다. 발바닥을 자극하여 혈액순환을 돕기 때문에 피로를 풀어 준단다. 그렇다면, 내가 먼저 *이사도라 던컨(Isadora Duncan)이 되어야겠다.

_미역 감는 주민들

*연간강수량: 2,500~3,000cc
*이사도라 던컨(Isadora Duncan): 미국의 현대무용가. 맨발의 무용수.

Photograph by Manash Jyoti Dutta, in Assam INDIA

3. 길 위의 인연

나는 외국인이 아니라 외계인

띤 알리(Tin ali, 삼거리)에서 길을 건너려고 경찰 아저씨의 수신호 동작을 지켜보고 있었다. 흰 유니폼에 오른쪽 허리춤엔 권총, 머리에는 헬멧, 무릎 바로 아래까지 내려오는 검은 장화, 거기다 흰 장갑까지 제대로 갖춰 입었다. 지나가는 행인이나 차량이 많지 않은데도 호루라기를 불면서 팔 동작을 부산하게 펼치고 있다. 가뜩이나 버거운 차림에 그렇게 움직이니 보기만 해도 더위가 푹푹 찌는 듯하다. 그런데 별안간 하던 동작을 멈춘다. 나를 본 것이다. 그렇다고 대로변에서 민중의 지팡이가 하던 일을 멈추면 쓰나. 내가 다 무색할 정도다. 그렇게 내가 별나게 생겼나. 차량이 뜸한 틈을 타서 재빨리 길을 건넜다.

조금 걷다 보니 뱀부 하우스가 옹기종기 모여 있는 동네 어귀에 들어섰다. 어떤 꼬마가 문간에서 무심코 서 있다가 지나가는 나를 보고는 집 안으로 쏙, 들어가 버린다. 아이가 뭐라고 했는지 곧이어 옆집에 어른들까지 문간으로 나와 웅성댄다.
뱀부 집과 집 사이는 팔을 뻗으면 닿을 것 같은 좁은 거리다. 크게 귀를 기울이지 않아도 웬만한 말소리는 순식간에 퍼질 수 있는 공간이다. 이러니 아이의 말이 옆집까지 가는 것은 별일도 아니다. 아마도 이상한 사람이 지나가니까 나와 보라고 했는지 쳐다보는 눈빛들이 호기심으로 가득 차있었다.

가던 길을 멈추고 잠깐 서 있는데 어디서 나왔는지 동네 사람들이 어느새 나를 에워싸기 시작했다. 꽤 민첩하다. 순간 앞이 어리둥절해져 어디든 앉고 싶어졌다. 다행이도 한 아저씨가 자기 집으로 가자고 해서 무턱대고 따라갔다. 여인이 방 안에서 의자를 내오더니 앉으라고 권한다. 벌써 많은 눈들이 내 옆으로 모여들었다. 자기들끼리 한마디씩 하는데 시선을 어디다 둬야할지 막막하다. 어색한 분위기는 안에서 짜이와 쿠키를 내오자 다소 풀어졌다.

목을 빼고 있는 아이들을 보니까 픽, 웃음이 나온다. 낯선 이방인의 출현에 관심을 보내면서도 경계를 하는 눈치다. 담벼락에 붙어 선뜻 나서질 못하고 우물쭈물하고 있는 아이도 있었다. 과자를 손에 쥐어주니까 몸을 뒤로 뺀다. 카메라를 들이댈라치면 우르르 도망을 친다. 다들 다소 겁먹은 표정들이다. 그러다 눈치를 살피며 다시 제자리로 돌아온다. 그렇게 반복하길 서너 번, 그제야 훨씬 누그러진 모습으로 내 주위를 맴돈다.

이런 모습에 내가 웃고 있으니까 어른들이 아이들에게 한마디씩 한다. 짐작건대 정신없으니까 그만 왔다 갔다 하라고 했겠지. 아님 이상한 사람 아니니까 괜찮다고 했을지도 모르겠다.

이때다 싶었는지 머리통 굵은 녀석들이 서로 찍어 달라고 내 앞으로 다가온다. 내 어깨에 손을 대보는 녀석이 없나, 카메라를 슬쩍 만져보는 녀석이 없나. 나의 일거일동이 아이들에게는 '호기심 천국'으로 보이나 보다.

방 안이 산만하니까 어른들이 참다못해 드디어 교통정리에 나선다. 나가라고 내 등을 떠민다.

어디서 왔고, 어디에 묵고 있으며, 얼마나 있다 갈 거며, 사업차 왔느냐, 아님 여행자냐. 어디서나 나에게 물어보는 기본 질문이다. 그런데 여기는 이걸로 끝이 아니었다. 결혼은 했냐, 아이들은 있느냐, 남편은 뭐 하는 사람이냐, 왜 혼자 왔냐, 휴….

급기야는 머리가 화끈대기 시작했다. 호기심도 어느 정도지, 기회를 봐서 얼른 나가야겠다는 심정뿐이었다. 짜이를 다 마시자마자 인사를 하는 둥 마는 둥, 사람들을 헤치고 나와 버렸다.

아이들이 종알대며 내 뒤를 따라 나오는 낌새. 그러건 말건 앞만 보고 발걸음을 빨리 옮기는데 뒤에서 악! 하는 소리가 들리는 것이었다. 자동적으로 얼굴을 확~ 돌리는데 아이들 몇 명이 엎어져 있는 게 보였다. 화들짝 놀란 어른들이 뛰쳐나와서 한 녀석씩 일으킨다. 여자들과 아이들 비명 소리에 그 자리가 순식간에 왁자지껄해졌다.

급히 나도 그 앞으로 달려갔다. 맨바닥에 깔린 아이 이마와 입가에서 피가 흐르고 있었다. 한 녀석은 무릎에서 피가 보인다.

"어떻게 된 일이에요?"

"마담 따라 나가다 자기들끼리 엎어졌나 봐요."

다친 아이들은 어른들 등에 업혀 안으로 들어가고 나도 뒤를 따라 들어갔다. 아이 엄마가 약을 발라 줄 때마다 아이는 아프다고 소리를 박박 지르고 발버둥을 친다. 제일 얌전하게 굴던 녀석이 밑바닥에 깔린 것이다. 심하게 다친 것 같지는 않다. 가방에서 티슈를 꺼내 우는 아이를 닦아주었다. 그리고는 손을 만져 주었다. 보는 내 마음이 아프다.

나 때문에 다친 깃 같아 내 입장이 그렇게 난처할 수가 없었다. 연고라도 가방에 넣고 다녔으면 이럴 때 오죽이나 좋으련만. 그 자리에 앉아 있기도 그렇고 선뜻 가기도 그렇다. 약을 가지고 다시 오마 하고 나가는데 발걸음 떼기가 편치 않았다.

버스 정류장으로 가는데 여기서도 난관에 부딪쳤다. 아이들이 몰려오는 것이었다. 귀찮았지만 또 사고가 날까봐 천천히 걸었다. 정류장에서도 내가 상대를 안 해주니 멀뚱히 바라보고만 있다. 어디고 엉뚱한 녀석은 있기 마련이다. 한 꼬마가 내 앞으로 오더니 뭐라 뭐라 하면서 말을 건다. 입을 봉하고 있던 다른 녀석들도 덩달아 내 앞으로 바짝 다가섰다. 순식간에 내 주위는 꼬마 스토커(!)들에 의해 둥근 원이 생겼다. 그렇다고 화를 낼 수도 없고, 한숨만 푹푹 내쉴 뿐이었다.
'얘들아! 지금 내 속이 편치 않거든!'

길거리에서 이게 무슨 웃음거리람! 아까 띤 알리(사거리)에서 보았던 경찰관이 이럴 때 나타나 줘야 하는데.
아이들이라 그런지 갈 녀석은 가고 몇 녀석만 남게 되었다. 굳었던 얼굴에서는 차차 즐거워 하는 모드로 바뀌어 가는 게 보인다. 처음엔 눈만 마주쳐도 볼이 빨개지던 녀석들이다. 어린 녀석들을 보니까 내 속도 다소 풀어지고 있었다. 내키지는 않지만 애써 편한 마음으로 대하기로 했다. 어느 곳이든 아이들은 귀엽지 않겠는가. 내 기분이 가라앉아 있어 그렇지.
한 아이의 손을 잡고 서 있으니까 나중에는 서로 잡으려고 난리다. 코흘리개 아이는 어디서나 감초 같은 등장인물이다. 뭐라도 내주고 싶은데 가방 속을 뒤져 보니 마땅한 게 없다.

"자, 다들 서 봐요."

맨 앞에 먼저 서려고 밀치고 떼밀고 야단법석이다. 나도 모르게 큰 소리가 나왔다.

"노우! 다쳐요, 다쳐. 그러면 사진 못 찍어요!"

큰 목소리에 아이들이 놀래는 기색이다.

"자! 작은 아이는 앞에 서요."

전부 엉거주춤 하면서 차렷! 자세다. 나를 보는 표정들이 굳어 있다. 한결 누그러진 말투로,

"모두들 웃어봐, 입을 크게 하고. 치즈~ 아니 김치~!" 하고 말 줬다.

그런데 뒤에 아이를 보니 까치발을 하고 서 있다.

"삐딱하게 서 있지 말고 각자 멋진 포즈를 잡아볼래?"

살살 구슬리니까 아이들 나름대로 포즈를 잡는다. 그게 베스트 포즈란 말이지. 잡은 폼들을 보자 결국 내 입에서 웃음이 터져 나왔다. 귀여운 녀석들!

길거리에 아낙네들 발걸음이 빨라지는 게 저녁 즈음이 된 것 같 다. 길게 늘어진 그림자도 빨리 걸어간다. 내가 머물고 있는 숙 소 앞에서 아침에 만났던 아낙네들과 다시 마주치게 되었다. 밭 에서 딴 푸성귀를 들고 집으로 돌아가는 길인가 보다.

일부를 떼어 나를 주려고 한다. 이 사람들이 내 숙소를 펜션으로 착각했나 보다. 설혹 주방기구가 있어도 지금으로는 아무것도 할 기분이 아니다. 손짓으로 사양하고 숙소로 들어가는데 다친 아이 생각뿐이다. 당황해서 그만, 휴대폰 번호 적고 나온다는 것도 깜박했다. 그 동네 사는 누구의 번호라도 적어놓을 걸 그랬다. 밤새 아무 일 없었으면….

특별히 볼거리가 없는 섬사람들에게 나그네 등장은 재미나는 구경거리인 셈이다. 그렇다고 사고까지 난다는 것은 내가 잘못한 것은 없는지 점검해 봐야 할 일이다. 그동안은 사람들이 몰려올 때면 머리가 어지러워서 짜증을 부릴 때도 있었다. 모여든 아이들 앞에서 때로는 '외국인 처음 보니? 어서 가라'라고 했다. 가는 데마다 사람들이 몰려드니까 무슨 스타라도 된 양 착각한 것은 아닐까, 교만하지는 않았나, 나 자신을 돌이켜 보게 된다. 경미한 사고였으니 망정이지 일이 커졌더라면 부모들이 나를 얼마나 원망했을까.

사람 하면 한국만큼 부대끼는 곳도 없겠다. 적요한 곳을 찾아 훌쩍 떠난 여행이건만 이곳에서도 나는 여전히 사람들 속에 끼어 있었다. 혼잡하지 않고 사람 냄새가 물씬 나면서 부대끼는 이곳이 그래도 마음에 든다.

너도 관광객 나도 관광객, 나를 구경하니까 너희들도 관광객이
아니고 뭐겠어. 귀여운 꼬마 스토커들아! 나 외계인 아니거든.
같은 지구촌에 사는 코리아에서 온 아줌마야.

필자를 보고 우는 아이

나는 외국인이 아니라 외계인 2

저녁을 굶었더니 새벽부터 배꼽시계가 연달아 알림을 보낸다. 다친 아이네 집으로 전화 한 통화만 넣어도 이 정도로 마음이 불편하지는 않겠다.

버스 시간에 맞추려고 급히 숙소를 벗어나고 있는데 평소에 나와 이야기를 잘하는 A 수도사를 만났다. 도둑이 제발 저린다고 샤워 사건 이후로 한동안 수도사를 애써 피했다. 그런데 이렇게 길에서 마주치니 어쩔 도리가 없는 것이다. 목인사만 하고 가는데,

"마담! 짜이 마시러 오실래요?"

"쏘리! 급히 가야 할 집이 있어서요."

"이따 저녁에 오세요."

"땡큐" 하고 걸어가는데 출출하니까 짜이 생각이 입맛을 당긴다. 한잔 마시러 갈까, 잠시 멈춰 생각하다가 그냥 발걸음을 재촉해버린다.

아이의 아래 입술은 부어서 두 배로 커져 있었다. 그래도 표정은 밝았다. 한 아름 과자를 내놓으니까 아주 좋아라 한다. 보건소가 있긴 한데 집에서 머니까 그냥 자가 치료만 했단다. 다행히도 상처가 가벼워서 내 연고가 굳이 필요 없었다.

이때 또 동네 아이들이 방 안으로 몰려들었다. 이번엔 어른들이
나서서 소리를 친다. 그런데 무릎을 다친 녀석이 안 보였다. 물
어봤더니 아파서 누워 있다고 한다. 무릎 상처만 보였는데 그게
아닌가 보다.

"많이 아파요?"

"놀라서 그런가 봐요."

겁이 더럭 났다. 아이들이 놀라면 열도 나고 토하기도 하고 증세
가 여러 가지로 나타나는 법이다. 내 아이가 어렸을 적에 그런
경험이 있어 거기에 대해선 유난히 예민해지는 편이다.

그 아이는 바로 옆집에 살고 있었다. 축 처져서 침대에 누워 있
다. 얼굴이 핼쑥하다. 나를 보더니 전날 봤다고 살짝 웃는다. 아
이 이마를 만지니까 뜨겁다. 이대로 놔두었다가는 안 될 것 같
았다. 아이 엄마한테 어서 보건소 가라고 하는데도 달리 내색
을 안 한다.

난 인도사람들을 볼 때 속 터져서 내 명을 재촉할 때가 있다. 도
대체 급한 게 없다. 이 상황에 뭘 믿고 느긋할까. 지금도 나만 안
절부절이다.

"약은 먹였어요?"

"달여 먹이는 약초가 있어요."

저러다 낫지 않으면 어쩌나 하는 근심이 들었다. 아무래도 내가
나서야 할 것 같았다. 돈은 내가 낼 테니 보건소 가자고 했다. 그
제야 나서려는 눈치다. 그런데 이번에는 가는 차편이 문제였다.
보건소까지는 30분 정도 걸린다. 누군가 오토바이를 서비스해
주면 될 것 같았다. 옆집 아저씨가 나서서 사방에 차편을 알아

보고 있있다.
"웨이트. 순 카빙."

어서 채비를 서두르라니까 그제서 아이 엄마가 울음을 터트린
다. 연신 훌쩍거리면서 아이를 업고 있다.
잠시 뒤, 밖에서 부르릉 오토바이 소리가 들려왔다. 안에 있던
사람들이 우르르 밖으로 나간다. 어디를 가나 몰려다니는 걸 보
면 뭐라고 해야 할지…. 그러니까 아이들이 다치는 것이다. 아이
와 엄마를 태운 오토바이는 곧 출발을 했다.

집 앞 언덕에 앉아서 이런 저런 생각에 잠겨 있었다. 곰곰이 생
각할수록 어째서 나는 오지랖이 넓은 걸까. 이해가 안 가는 게
치료비를 내가 왜 댄다고 했을까. 얼마를 줘야 할지도 모르는 상
황에서 말이다. 공연히 일을 사서 하고 있었다.
아이들이 내 앞에서 얼쩡거려 사진 몇 컷 찍어 주다가, 돼지우리
도 갔다 닭장도 왔다 갔다 하면서 시간을 때우고 있었다. 뭘 해
도 신이 안 났다.

아저씨가 보건소로 전화를 건다. 표정이 썩 좋지 않은 것이 아이
의 상태가 나쁜가 보다. 구토와 설사를 해서 입원을 했단다. 이
를 어째, 탈수증이 있나 보네. 일이 갈수록 커진다. 이제 결과를
알았으니까 당장 얼마를 찔러주고 자리를 뜨고만 싶었다. 주민
이 내온 빵 몇 조각을 후딱 해치우고는 일어났다. 돈을 줘야 할
텐데 누굴 줘야 할지 주는 것도 일이다. 아무에게나 줄 수 없어
내가 병원으로 간다고 아저씨에게 일러두고 나왔다.

기분도 그렇고 짜이나 마셔야겠다고 생각하고 곧장 사뜨라로 향했다. 마침 아침에 만났던 A 수도사가 있었다. 저녁 예배 시간까지는 시간이 남아 있다고 한다. 짜이를 내오는데 나도 모르게 입에서 불쑥,

"아뽕 없어요?" 하니 깜짝 놀란다. 일전에 내가 J 수도사한테 아뽕 얘기를 꺼냈을 때 나왔던 반응이다.

"마담! 무슨 일 있어요?"

"그렇게 보여요?"

"걱정거리가 있어 보이는데요."

어제, 오늘의 이야기를 대충 들려주었다. 여기서 새로운 사실을 알게 되었다. 보건소에서 입학 전 어린이는 전액 무료란다. 그렇다면, 내가 돈을 댄다니까 더 불쌍하게 보이려고 울고 있던 것인가?

수도사 말로는 돈을 안 주기 잘했단다. 줄 일도 없거니와 내가 잘못한 게 없는데 왜 주냐고 한다. 내 기분은 더 바닥을 치고 있었다. 한국이 그네들보다 더 잘사는 나라라고 나를 봉으로 생각한 건가.

"저하고 본당으로 예배나 드리러 가요."

별로 가고 싶지 않아 안 가겠다고 해도 극구 가자고 해서 할 수 없이 따라갔다. 건성으로 무릎만 꿇었다 나온 기억 외에는 없다. 예배도 나한테는 위로가 되지 않았다.

자기 전, 불이 나가 촛불 밑에서 일기를 쓰고 있는데 "마담! 마담!" 부르면서 누가 숙소 현관문을 흔들어대는 소리가 들렸다. 옆방 사람들이 없는지 나가보는 사람이 없다. 깜깜한 밤중에 누

굴까, 하고 촛불을 들고 현관으로 나갔다.

놀랍게도 촛불에 비친 사람은 A 수도사였다. 사방을 두리번거리더니 얼른 내 손에 뭘 쥐어주고는

"불이 나갈 때만 기다렸어요."

한마디 남기고 급히 어둠 속으로 사라진다.

아뿔이었다! 도대체 이걸 어디서 구해 왔지? 나를 위로해 주고자 해서는 안 되는 일을 한 것이다. 가슴이 뭉클해져 한동안 페트병만 바라보고 있었다.

한밤중에 적군에게 들킬까봐 달이 구름에 가릴 때를 기다렸다 고지를 탈출한 병사 같았다.

나는 외국인이 아니라 외계인 3

다친 아이는 아직도 병실에 있으려나. 아이 엄마는 내가 돈을 준다고 했으니까 마냥 기다리고 있을 테지.

사건이 난 지 벌써 며칠이 지났다. 숙소 근처에 있는 짜이 가게 아저씨한테 부탁을 했다. 보건소에 전화를 걸어 아이의 상태를 알아봐 달라고 했다. 담당과 통화를 하던 아저씨 말로는 별일 아닌데 병원에 여직 눌러 있는 게 이해가 안 간다고 한다. 얼마라

도 위로금조로 성의 표시를 하려는 마음이 싹 달아나는 순간이다. 일을 크게 키운 나 자신에게 속상하다.

누구를 시켜 돈을 전해 줄까 생각도 해보았다. 그러나 수도사 외에는 믿을 사람이 없었다. 그렇다고 수도사가 과연 심부름을 해줄까. 거기다 돈을 줄 필요가 없다고 말을 한 사람이다. 우리처럼 은행 계좌에 입금하면 좋으련만. 이곳은 아직 그런 시스템이 없다. 어차피 한 번은 가봐야 하니까 그때 돈을 주기로 했다. 보건소로 찾아갔더니 마침 오전에 퇴원을 했다고 한다. 가는 날이 장날이었다. 짜증이 났지만 아이 집으로 갔다. 아이 엄마가 반색을 한다. 나를 몹시 기다렸다는 표정이다. 그런데 아이는 보이지가 않는다. 마침 친구들과 안으로 들어오고 있었다. 나로서는 반가워서 껴안아 주는데 아이가 쑥스러워서 어쩔 줄 몰라 한다. 다행이도 언제 아팠냐는 듯, 얼굴은 아주 좋아 보였다.

아이엄마 손에 냉큼 돈을 쥐어주고는 후닥닥 나와 버렸다. '다시는 오나 봐라' 속으로 다짐하면서. 그런데 아이 엄마의 "마담!" 하는 다급한 소리가 내 뒤로 들려왔다. 왜 또 부르지, 짜증나게.

"이 돈 안 받아요."

"왜요? 너무 적어서요?"

"병원비 무료예요. 걱정을 끼쳐드려 죄송해요."

"…"

나는 왜, 그녀를 나쁜 사람이라고 생각했을까. 뒤늦은 후회가 밀려온다. 그녀뿐 아니라, 수도사들한테도 못된 짓만 골라서 하고 있다. 나에게 아빵을 준 게 알려져 A 수도사까지 벌을 받으면 어떡하지? 그사이에 '샤워 맨' 수도사는 어떻게 됐을까, 정말 쫓겨난 걸까? 왜 자꾸 사람들 앞길을 막는 걸까.

나는 정말 외계인인가 보다.

나만 보면 Come! Come!

길을 가다가 아무 집이고 문 앞에서 기웃거리고 있으면 대체로 누군가는 나보고 들어오라는 수신호를 보낸다. 아님 밖에 나와서까지 "깜(Come)"이라고 말하며 열성을 보이는 주민들도 있다.

이러길 몇 번, 인제는 '깜'이라는 말이 떨어졌다 하면 앞뒤 눈치 볼 것 없이 냉큼 들어간다. 어느새 신발을 벗으려고 허리를 구부리는 나를 발견하고는 흠칫 놀란 적도 있다.

처음엔 실례가 될까봐 남의 집을 기웃거리는 것조차도 조심스러웠다. 그런데 어느새 나도 모르게 '깜'이라는 말이 들리면 사양은커녕 스스로 들어가는 뻔순이로 변해 있었던 것이다. '언제부터 내가 이렇게 됐더라.' 멋쩍어 하는 자신에게 배시시 웃음이 나올 수밖에 없다.

모두가 나를 기다리고 있는 것 같은 착각에 빠져 있다고나 할까. 아침이면 오늘은 어느 집을 가볼까 궁리를 해본다.

여느 때와 다름없이 길을 걸어가는데 한 청년이 나한테 오더니 뭐라고 말을 걸려다 만다. 눈치로 보아 하니 어디서 왔냐고 물어보려는 모양이다. 영어 단어를 알기는 하는데 입술만 씰룩거리지 선뜻 나오지 않아 애쓰는 모습이 애처로워 보인다.

애나 어른이나 뚫어져라 나를 쳐다보고 있는데 그렇다고 "왜 쳐다봐요?" 하고 물을 수도 없는 노릇이다. 시선을 어디다 둬야 할지 엉거주춤 하고 있으면 으레 묻는 말이 있다. "어디서 왔나?", "코리아"라고 답하면 "노스코리아, 사우스코리아?" 하고 재차 묻는다.

아직도 이곳은 십여 년 전 버전이 먹히고 있었다. 더러 뭘 좀 안다는 사람들은 '씨울(서울)'에 살고 있냐고 묻는다. 이럴 때 내 어깨가 으쓱 올라간다.

하도 이런 말을 들어서 시간이 갈수록 나도 요령이 생겼다. 이미 질문지를 아는 터라 아예 아쌈 말을 배워놓았다. 어느 날 드디어 써먹을 날이 왔다. 묻기도 전에,

"더킨(사우스) 코리아."

이러면 주민들이 "와와!" 하고 환호성을 질러댄다. 자기네 언어에다 듣고 싶던 말을 들었을 때의 그 기분이란. 이쯤 되니 주민들과 성큼 가까워진 느낌이 든다.

이들 틈에 십 대 후반쯤 됐으려나, 그쯤으로 보이는 남자가 아기를 업고 있는 모습이 카메라 프레임에 잡혔다. 아, 어쩌다가….
"자, 이리 와서 다들 서 봐요."
아기 아빠를 앞에 서게 했다.
"방긋 해봐요. 화난 사람들 같아요."
최대한 웃고는 있다만 왠지 어색하다.
*멕칼라 사돌(Mekhala Sadar)을 입지 못한 아낙네들은 모습 내밀기를 극구 사양한다. 스스로도 외국인 앞에서 행색이 초라하다고 느끼는 것이다.
나중에 들은 사연인즉슨, 집안이 어려운 아이들은 대체로 초등학교만 마치고 살림을 돕고 있다. 그러다 남자 18세, 여자 16세 이상이 되면 결혼해서 그대로 여기서 눌러 산다는 것이다. 난 그런 줄도 모르고 어린 나이에 사고를 친 줄 알았다. 내 코끝이 찡, 해진다.

액정을 들여다보는데 이들과 나는 너무도 닮아 있었다. 왠지 저 사람들도 몽고반점을 갖고 태어났을 것 같다. 코리안 붕어빵이라고 해두자. 내 피부가 까무잡잡하면 누가 코리안인지 숨은 그림 찾기라도 할 뻔 했다.

찍은 화면을 보여주니까 다들 카메라에 코를 박는다. 얼굴을 들이대고 서로들 제 모습 보려고 아우성이다. 자기들도 신기한지 내 얼굴을 다시 뚫어져라 본다.

'우리는 말야, 그저 조금 다른 이웃일 뿐이란다.'

여자들은 유독 나의 두부 같은 하얀 살을 부러움의 눈으로 연신 바라본다.

"우리도 마담처럼 하얀 피부를 좋아해요."

"지금 한국에는 내추럴 메이크업이 대세예요, 자기들처럼."

그렇게 말해줘도 심드렁하다. 아프리카 사람들처럼 까만 것도 아니건만.

"대신 우리끼리는 닮았잖아요."

그들을 바라보고 있으면 자연을 보는 거와 진배없다. 민낯 그 자체다. 팩을 하지 않았어도 반들반들하다. 게다가 모두가 타고난 천연 미인들이다. 견적이 얼마가 든다느니, 인공 미인이니 할 필요가 없다. 아니, 그런 말조차 모를 거다.

india

더러 이런 생각을 해 본다. 내가 서양인이나 남자였데도 그렇게 호감을 가졌을까. 같은 아시안인데다 아줌마라는 동질감이 현지인들과 친해지는 데 한몫을 하는지도 모른다. 과연 어느 나라에서, 어느 도시에서, 이방인을 보면 "깜, 깜" 할 수 있을까.

비록 색깔이 다른 인종이지만 우리는 하야스름해서 좋고 그들은 까무잡잡해서 보기 좋다. '깜'이라는 단어는 피부 색깔만큼 순수한 사람들만이 가지는 자연스런 공용어다.

잠깐, 아쌈을 여행할 분들은 꼭 알아두세요! "더킨 코리아 (Dakhin Korea, 사우스 코리아)!"

---

*멕칼라 사돌(Mekhala Sadar): 아쌈의 전통 옷. 인도 여성 옷, 사리(Saree)와 비슷하다.

✎_길 가다 본 풍경. 대나무 집 빠져나오기

한 지붕 세 가족

집집이 들어가 보면 아이들이나 어른들로 항상 북적거린
다. 지금까지 많은 집을 방문했지만 절간처럼 조용한 집은 보질
못했다. 늘 잔칫집처럼 보였으니까.

형편이 넉넉한 것도 아닌데 무슨 애들을 그렇게 많이 낳았담. 기
찻길 옆 오막살이도 아닌 뱀부(대나무) 하우스살이에서….

뱀 부하우스, 바닥 밑으로 강물이 보인다.

뱀부 벽이라는 게 말만 벽이지 대형 파티션을 올려놓은 것 같다. 사각사각 사과 깎는 소리까지 들릴 정도다. 걷기도 쉽지 않을 바닥에서 아이들은 이 방 저 방 잘도 넘나들고 있었다. 나무로 얼기설기 엮은 벽이나 바닥을 보면 슬쩍 건드려도 무너질 듯해 보인다. 그럴 때마다 내 가슴이 다 철렁한다. 아이들 떠드는 소리에 멀쩡한 내 귀만 먹먹해질 뿐이다. 어른들이 말하는 소리도 잘 들리질 않았다. 그럴 땐 초등학교 시절, 쉬는 시간에 마구 떠들던 내가 생각이 난다.

알고 보니 이웃집 아이들이 원정을 온 것이다. 처음에 뭘 모를 때는 다 형제고 자매인 줄 알았다. 그렇다면 아이들 중에 누가 이 집의 아이일까. 한번 맞혀 볼까 하는데 행동거지로 봐서는 분간이 안 된다. 누가 손님이고 누가 주인인지 헷갈렸다.

인도인들을 보고 있으면 재미난 구석이 있다. 아무나 친구가 되고 식구가 된다. 어디를 가나 다들 친한 사이인 것처럼 얘기하고 웃고 떠든다. 처음엔 친척인가 하고 버스 안이고 기차 안이고 자리도 비켜주고 먹을 것도 다 같이 나눠주곤 했었다. 내가 깜박 속은 것이다.

나야말로 절간처럼 살던 습관 탓에 앉아 있기가 영 불편했다. 그렇다고 당장 박차고 나갈 수도 없다. 기껏 들어와서 30분도 앉아 있지 못하는 한국 아줌마를 어떻게 보겠나. 살아가는 문화가 다를 뿐인데. 다만, 안주인이 누구인가는 알겠다. 나에게 짜이를 대접하는 사람.

참다 참다 한마디 건넸다.

"당신 자식이 누구예요?"

"이 아이하고 저 아이인데요."

"그럼 옆에 있는 다른 아이들은요?"

"사촌이에요."

"몇 명이 사는데요?'

"오빠네랑 동생들 가족이랑 열 명이요."

와~!. 도대체 한 지붕에 몇 가구가 산다는 걸까. 그런데 얼추 세어 봐도 열 명은 족히 넘었다. 그렇다면 나머지 사람은 누구일까.

"이웃집 식구들이에요."

우리네 이웃사촌과 다르지 않다.

집이란 어른들에게는 사랑방이고 아이들에게는 놀이터다. 신기한 건 이런 가운데도 말없는 룰이 있었다. 아이들끼리 치고받고 놀다가도 먹을 것이 나오면 자리를 피했다. 안주인이 주면 먹고 아니면 말고 식이다. 놀이터는 네 집 내 집이 없지만 먹는 것만은 가린다. 또, 해 질 녘이면 각자 자기 집으로 돌아간다는 룰도 지킨다.

돌이켜 보면 나 어릴 적만 해도 그랬다. 식구 많다고 야만인이다, 동물원이다 하고 놀림을 받았다. 지금 이들과 있으니 나의 화목했던 유년 시절이 떠오른다.

아직까지 문명의 시간을 거슬러 살고 있으면서도 만족해 하는 사람들이다. 거꾸로 가는 시계가 언제쯤이면 제대로 돌아갈까. 비록 놀림은 받지 않는다 해도 과연 지금처럼 행복할 수 있을까.

마담! 기브 미 루피아

때는 수확의 계절. 너른 들판에 황금 물결이 바람에 일렁이고 있었다.

멀리서 보니까 비가 많이 내려 마치 논이 강 한가운데 있는 푸른 섬처럼 보였다. 논인지 모르는 나는 처음엔 섬 안에 또 다른 섬이 있나 했다.

_벼농사

1년 3모작 중 첫 번째 모를 거두어야 하는 시기라 농부들은 눈코 뜰 새 없이 바쁠 때다. 논에 물이 사람의 무릎까지 차올라서 장화만으로는 제 구실을 못 한다. 그래서 쪽배를 타고 멀리 나가야 한다. 남아도는 땅이 워낙 넓으니까 길가에는 잡초나 자라라고 놔두고 먼 곳에 있는 땅부터 써먹고 있는 것이다.

벼 베기 작업은 두 사람 이상이 한 조다. 한쪽이 벼를 베어내면 다른 쪽은 묶는 일을 한다. 낟알이 꽉 찬 벼 묶음을 한 단씩 배 안으로 던질 때 보면 마치 농구선수 같다. 던지고 받고, 정확한 패스까지. 재미있어서 한참을 바라보고 있는 중이었다.

볏단 던지기

이런 멋진 풍경에 누구라도 카메라를 꺼냈을 터.

카메라 속에서 보니까 쪽배 한 척이 서서히 육지 쪽으로 오는 게 보였다. 화면에 비친 사람들이 점점 가까이 오고 있었다. 조급해진 내 손가락은 쉴 새 없이 눌러댔다. 사격수의 손놀림처럼. 피사체가 커지면서 배에 타고 있는 사람들이 확실히 보이기 시작했다. 농부들이 볏단을 잔뜩 싣고 나오는 중이었다.

부부인 듯 남자는 노를 젓고 있고 다소곳 앉아 있는 여자는 햇빛 가리개 대신 양손으로 이마를 가리고 있었다. 그러면서 손을 올렸다 내렸다 하면서 흘금흘금 내 쪽을 보는 것이었다. 왜 그러는 걸까. 사진 찍는 게 쑥스러워서 그런가. 드디어 누군가 확인이 되는 순간, 자칫하다 카메라를 떨어트릴 뻔했다. 전날의 사건이 떠올랐기 때문이다.

모두가 하루 일을 마치고 집으로 돌아가는 저녁 무렵이었다. 나
역시 발걸음을 재촉하면서 논가를 지나가고 있었다. 이때 마주
오던 한 여인이 길 가다 말고 내 앞에서 우물쭈물한다. 종종 있는
일이라 그러려니 하고 미소만 날리고 내 갈 길만 가고 있는데,
"마담. 기브 미 루피아."
"왓? 루피요? 머니 말이에요?"
"아들이 아파서 병원에서 약을 사가지고 오는 길이에요. 그런데
돈이 모자라서…."

애처로운 표정을 지으면서 약 봉지 쥔 손을 내미는데 그 모습이
그렇게 처량할 수가 없었다. 연신 "마담, 마담" 하면서 "기브 미
루피아" 했다. 기본 영어도 하는데다 차림새 또한 멀쩡해서 거짓

말인 것 같지 않았다. 자식이라는 말에는 엄마들 마음이 급격히 약해진다. 잠시 망설이다가 결국 지갑을 열었다.

바로 그 여인! 마줄리 들어와서 손 내미는 사람은 처음이었다.

나를 보더니 남편이 먼저 목인사를 한다. 아마 부인이 내 얘기를 한 것 같다. 그런데 부인의 표정은 전날과는 사뭇 달랐다. 웃고는 있지만 한편으론 부끄러워 어쩔 줄 몰라 하는 모습이었다. 불쌍한 척했던 연기가 양심에 찔리나 보다. 남편은 부인의 그런 쇼를 알고 있을까.

작은 배라도 가지고 있고 벼농사를 할 정도면 넉넉하진 않아도 가난한 사람들은 아니다. 외국인한테 손 벌릴 정도의 처지는 아닌 것이다. 그런데 이렇게 다시 만날 줄이야. 지금 그 여인의 표정을 보니 어처구니가 없다. 차라리 귀엽다고나 할까. 정말 아들이 아픈지 물어볼 걸 그랬다.

인도의 아킬레스건인 *떠돌이가 12억 인구의 10%, 어마어마한 숫자이다. 카스트(Caste, 신분제도) 네 계급에도 못 드는 천민 중에 천민이다.

여행자는 전국 어디를 가나 그들하고 부딪치지 않는 곳이 없다. 공항에서 나오는 순간부터 신경전을 벌여야 한다. 그럴 때마다 눈살을 찌푸릴 수만은 없는 일이다. 거절의 노하우를 알고 있어야 여행이 즐겁다.

그러나 마줄리만은 유일하게 떠돌이가 없다. 이들이 섬에 들어오려면 무전탑승을 감행해야 하는데 페리에서부터 차단된다. 돈을 안 내거나 행려병자는 승선을 거부한다는 규칙이 있다. 섬

만이 지니고 있는 참신한 거리에 마음껏 긴장을 풀고 있던 참이
었는데, 소위 '짝퉁'이 있었던 것이다.

만약에 그때 여인의 내민 손을 보고도 모른 척 지나쳤더라면 지
금 내 처지가 어땠을까. 되레 내가 쑥스러웠을지도 모르는 일이
다. 부끄러운 얼굴의 주인이 뒤바뀌어 있을 처지다.

나그네에게는 언제 어디서 누구와 부딪칠 줄 모르는게 지구촌
행성이라고나 할까. 오랫동안 행성을 떠돌다 보면 진품과 유사
품이 헷갈릴 때가 있다. 그런데 그 차이가 뭐 그리 대단할까. 코
흘리개들이 좌판가게 물건을 더 좋아하듯 나도 길거리 유사품
이 더 정이 가니 어쩌겠는가.

＊ 떠돌이: 하리잔(Harijan), 달릿(Dalit), 불가촉천민이라고 함.

제트카 따라 하기

여행을 하다 보면 우리네 정서로 이해가 되지 않는 부분이 종종 생긴다. 남녀노소 가리지 않고 손발톱을 보면 발갛게 물이 들여져 있는 걸 볼 때가 있다. 열 개 발톱에 파란 매니큐어를 바른 남자도 있다.

붉은 건 봉숭아로 물들인 흔적일 거다. 그렇다면 섬에도 봉숭아 꽃이 핀다는 얘기다. 그때부터 남의 집 앞마당 뜰이나 꽃밭이 보이면 뭔가 유심히 보는 버릇이 생겼다. 그런데 아무리 찾아도 보이지 않는 게 풀밭에서 네잎클로버 찾기였다.

우리 동네에서는 지천에 깔린 게 그 꽃이련만. 평소에는 거들떠보지 않던 꽃이 그리워지는 것이었다. 그들은 무엇으로 물을 들일까.

하루는 어느 집에 들어가서 식구들하고 수다를 떨고 있을 때다. 여인들의 손톱마다 붉게 물이 들여져 있는 게 보였다. 어떻게 물들인 거냐고 하니 내 말을 알아차리고는 앞마당에서 무슨 나무 가지를 꺾어 온다. 라일락처럼 생긴 나무다.

🐊 _제트카 나무

나보고도 물을 들여 주겠단다. 좋긴 한데 그렇다면 그 집에서 하룻밤을 자야 하므로 잠시 망설였다.

"두 시간만 붙이고 있으면 돼요."

"노우! 밤새 들여야 돼요."

"이건 제트카(Jetka) 나무인데요."

나는 그 나무가 봉숭아 나무인 줄 알았다.

제트카! 마치 승용차 명품 브랜드 이름 같다. 천연 염료인 헤나(Henna)다.

그들은 분주해졌다. 부리나케 한 여인은 잎사귀를 따다 씻고 그 잎을 다른 여인은 분쇄기에다 짓이기고 있었다. 분쇄기란 넙죽한 쑥돌 판 위에 돌 방망이로 비비는 것이다. 몇 번 아래위로 문지르다 보면 뭉개진 잎이 까만 반죽이 되는 걸 볼 수 있다. 그걸 내 손톱 크기만큼 떠서 붙이면 된다. 어렸을 때부터 피아노를 친 탓에 손이 곱지 않다. 농부의 아낙네 손 같아서 내밀기를 주저하고 있으니까 강제로 잡아당긴다.

"보기보다 수줍어하시네요."

내가 양 손톱에 봉숭아물을 들인 적이 언제였더라. 예나 지금이나 학생은 매니큐어를 바르고 학교를 갈 수가 없다. 나의 유년 시절은 봉숭아가 유일한 치장이었던 만큼 여름방학 끝나고 개학날 만나는 여자애들마다 손톱에는 감색 물이 들여져 있었다. 그 가운데 내 손톱도 한몫을 했었다.

봉숭아물 들이는 날은 평소보다 일찍 저녁을 끝내야 했다. 내가 할 일은 어머니가 시키는 대로 집 밖 가로수 나무에서 어른 손바닥만 한 큰 잎을 따다 놓는 것이었다. 녹음이 우거질 때라 늘어진 나뭇가지에 잎사귀 몇 잎 따기는 수월했다. 큰 키가 아니지만 한 번만 깡충 뛰면 손끝에 걸렸으니까. 이불 꿰맬 때 쓰는 굵은 실도 준비했다.

고추 찧는 절구에다 먼저 소량의 백반을 찧은 다음, 여기에 봉숭아꽃과 잎을 넣고 한 번 더 찧으면 재료가 나왔다. 주의할 점은 물이 묻으면 안 되니까 꽃과 잎을 딴 채로 써야 한다는 것이다. 따고 하루라도 묵히면 안 된다. 잎이 말라버리니까.

이렇게 만들어진 재료를 손톱 크기에 맞게 적당량을 올려놓는다. 그리고는 잎사귀로 싸매고 실을 서너 번 돌려서 고정시키면 작업 끝이다. 맬 때는 너무 조여도 안 되고 느슨하게 해도 안 되는 다년간 다져진 어머니만의 노하우가 있었다.

그날만은 잠이 들고 싶지 않은 밤이었다. 손을 얌전히 놓아두고 자야 하는데 잠이 푹 들어버리면 잠버릇 때문에 손이 어디로 갈지 모르기 때문이다.

아침이 돼서 풀어 볼 때의 그 설렘이란. 동생과 나, 희비애락이 엇갈렸다. 손톱 옆으로 삐뚤어져 있는 것, 잎사귀로 폭삭 봉한 게 빠져나가 물이 들여지다 만 것, 서로 비교해 보면서 잠버릇 탓으로 돌렸다.

제자리에 발갛게 들여졌으면 학교 친구들 앞에서 무척 자랑거리였다. 재료인 꽃도 전성기 때 써야 한다. 그래야 곱게 물이 들여지는 법이다.

손가락에 실을 동여맸던 자국을 보면서 좋아했던 추억들이 주마등처럼 스쳐간다. 낯선 여인들 앞에서 손을 내밀고 있으면서 마음은 세월을 건너뛰어 긴 머리 소녀로 돌아가고 있었다.

열 손가락 다 했다고 끝난 게 아니다. 2차 작업을 해야 하니까 이번엔 손바닥을 내밀라고 한다. 남은 재료를 염소 똥만 하게 굴려 점점이 찍어가며 둥그런 원을 만들고 중앙에다 다시 한 점을 붙였다.

잎사귀를 대거나 실도 필요 없이 과정은 아주 간단했다. 이러고 두 시간만 참고 기다리고 있으면 된다. 동네 두 바퀴 돌고 점심 얻어먹고 하니까 시간이 후딱 지나가버렸다.

손톱에 붙여 놓은 걸 떼어 낸 다음, 코코넛 오일을 발라주는 걸로 핸드 메이드 작업은 끝이 났다.

드디어 제트카가 내 손가락과 손바닥 위에서 빛을 발하기 시작했다. 모양이 선명하다. 작품치고는 독특하다. "어때요, 예쁘지요?" 한다. 잔주름투성이인 손바닥에는 붉은 점 일색이다. 손바닥에 뭐가 묻은 것 같고 아이들이 낙서라도 한 것 같다. 다음날은 더 예뻐진다고 하니 기다려보기로 했다.

제트카는 나쁜 병균이 들어오지 못하게 한다는 의미가 있다. 둥근 문양은 피스(Peace, 평화)를, 가운데 점은 하나 됨을 상징한다. 멋도 멋이지만 건강과 인류를 생각하는 거창한 의미가 있었다. 그래서 남녀노소 불문하고 물을 들였던 것이다.

다시 한 번 내 손톱과 손등을 바라보았다. 색이 더 얼마나 진해지려나. 한국에 돌아갈 때까지 오래오래 진하게 남아 있었으면 좋겠다. 그날의 추억을 더 오래 간직할 수 있게.

붉게 물든 손톱을 보니까 산타 할아버지가 생각난다. 손톱에서 넉넉한 인정이 새록새록 피어날듯하다.

🐾 나뭇잎을 찧어서 손톱과 손바닥에 물들인다.

별난 여자 별난 남자

인도를 한두 번 여행한 것도 아닌데 이 섬에서만 유독 헷갈리는 게 있다. 여자 같은 남자가 무척 눈에 띈다는 것이다. 누군가 나보고 미소를 던지는데 여자인지 남자인지 도무지 짐작이 안 되었다. 실례될까봐 물어볼 수도 없고 지켜보면서 말을 시켜보니까 그제야 알겠다.

사뜨라 수도사도 아니건만 뭘 남자가 이렇게 예쁘게 생겼을까. 섬에 물이 좋아 그런가 공기가 좋아 그런가. 벙긋하고 웃는 모습이 활짝 핀 꽃이다.

나를 물끄러미 바라보더니 그만 내 볼을 살짝 만진다. 이런 실례가…! 순간 당황하고 무안했다. 자기 딴에는 살갑게 굴려고 그런 것 같아 그냥 넘어가 주기로 했다. 지나가면서 들른 어느 집의 가족 중에 한 사람이다.

대학생인데 *비후(Bihu, 축제) 때 여자 역할을 하는 댄서다. 어쩐지, 행동거지가 여자 같다 했다. 카메라를 대니까 몸을 살짝 조아리면서 더 여성스럽게 탈바꿈하는데 내 팔에 닭살이 돋는 줄 알았다. 가족과도 한 컷, 혼자서도 한 컷. 카메라 앞에 바투 붙어 있다.

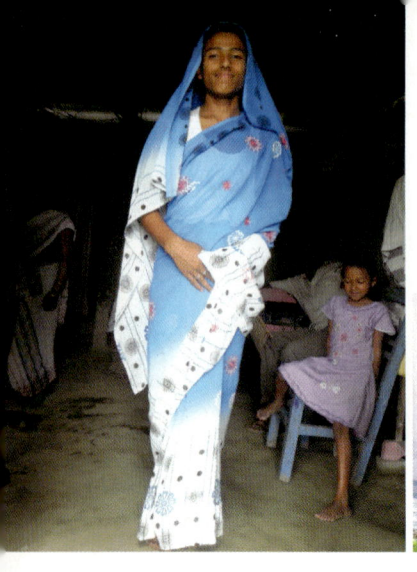

잠깐 안으로 들어간다 했더니 그새 여성들이나 입는 멕칼라 사
돌을 걸치고 나온다. 순간 변신에 깜짝 놀랐다. 내 앞에서 모델
처럼 걸으면서 나를 의식하는 것이었다. 걸친 폼이 어색하지는
않다. 사진만 자꾸 찍으라고 해서 할 수 없이 카메라를 대긴 하
는데 마땅치 않다. 그러더니 비후 춤을 추겠단다. 이거야 원! 상
대방 의사는 아랑곳없이 마당으로 나가 버리는데 할 수 없이 나
도 마당 한편에 앉아 있어야 했다. 눈빛은 반짝이는데 표정에서
는 수줍음이 역력하다.

주위를 둘러보다 일단 나무 뒤에 살짝 몸을 가리고는 추기 시작
한다. 아무런 뮤직 큐가 없는데도 저 혼자 알아서 움직이고 있
었다. 점점 동작이 대범해졌다. 관중은 나 한 사람뿐이라 구경만
하기 뭐해서 손뼉만 탁탁 치고 있었다. 식구들은 으레 그러려니
하고 볼 생각도 안 한다.

_비후 춤을 추는 댄서

팔의 선이 고운 게 어설픈 솜씨는 아니었다. 춤을 추면서도 눈은 나한테 맞추고 있었다. 어서 사진 찍으라는 사인이다. 열정만큼 은 높은 점수를 주고 싶은데 암튼 내 맘에는 안 드는 남자다.

마당 앞 큰길가로 계속 차량이 지나가고 있었다. 지나가는 사람 들도 있지만 가던 길을 멈추고 일부러 보려는 사람은 아무도 없 었다. 한국에서 이런 모습이라면 아마 '또라이'로 취급되기 십 상일 터.

겉으로 봐서는 사람들이 무척 개방적이라는 생각이 든다. 남자 가 머리 기르고 화장하고 액세서리하고 네일 칼라 칠하고, 팔에 문신을 해도 누가 뭐랄 사람이 없다. 우리처럼 '남자가 그게 뭐야' 하는 손가락질은 더더구나 없다.

다만 바지 대용인 도띠와 여성 전통복인 멕칼라 사돌(Mekhala Sadal) 말고는 누가 뭘 걸치든 관대한 편이었다.

오죽하면 연로하신 분들이 나한테 여자냐 남자냐, 물어봤을까. 나 같은 단발머리나 바지를 입고 다니는 여성이 없기 때문이다. 그곳 여성들은 하나같이 롱 헤어, 롱 드레스다. 모두가 가발 쓴 것처럼 똑같은 생머리에 전통 옷을 입고 있었다. 그러고 보니 내가 섬에 들어와서 머리 짧은 여성을 본 일이 없는 것 같다.

미혼 여성들은 주로 펀자브(Punjab) 드레스나 추리다 (Churider)를 주로 입는 편이다. *추리다는 쫄바지같이 다리에 쫙 달라붙어 몸매가 드러나는 캐주얼이다.

🐾 _추리다를 입은 모습

점점 나도 그곳 사람이 돼 가는 건가. 열 손가락에 물을 들여 봤으니까 이번에는 추리다를 입어 볼까. 말을 타면 종을 부리고 싶다고, 하고 싶은 게 점점 많아진다.

*아마 내가 그렇게 입고 다녀도 현지인들은 그러려니 할 거다. 가끔은 자유분방한 그들이 부럽다. 그래도 그렇지, 남자가 멕칼라 사돌을 입는 것은 볼썽사나워 보인다. 아무리 사진 찍기용이라 해도.

주소를 적어주면서 꼭 사진을 보내달라고 애교를 떤다. 그 애교가 닭살까지는 아니지만 그래도 내 정서로는 별난 남자 아니, 별난 여자로 보일 뿐이다.

각 나라의 문화를 조금만 이해하면 여행하는 즐거움이 곱이 될 텐데… 그렇게 여행을 하고도 시각이 글로벌하지 못한 건 아직도 마음의 국경을 열지 못한 탓이겠지.

* 비후(Bihu): 아쌈의 축제.
* 추리다(Churider): 몇 년 전부터 유행하는 미혼 여성들의 의상. 펀자브 옷에서 변한 형태로 바지를 꽉 붙게 입는 실용적인 드레스.
* 현지인과 가까워지려면 그들처럼 옷을 입어 보는 것도 한 방법이다. 가격도 저렴하고 전통 옷 한 벌 정도는 기념으로 맞춰 입을 만하다.

거리의 패션쇼

여성들이 걸어 갈때마다 옷감에서 번쩍이는 색동 줄무늬
가 아침 햇살에 부서진다. 찰랑찰랑거리는 귀걸이와 나선형으
로 꼬아진 팔찌, 양미간에 붙은 앵두 같은 *빈디(Bindi, 장식품),
눈이 어지러울 정도로 원색의 물결이 지나간다. 장신구 무게만
도 상당하겠다. 나그네 차림새와 너무 대조된다.
길거리에 롱 드레스 차림이 줄을 잇고 있다. 레드 카펫만 깔렸으
면 할리우드 아카데미 시상식을 방불케 할 정도로 화려한 패션
이다. 버스 정류장에 서 있는 여성들도 매한가지다. 모닝(!) 드
레스를 입고 거리 쇼를 하고 있는 듯하다. 한껏 멋을 부리고 아
침이면 어디를 가는 것일까. 인도를 아직 방문한 적이 없는 여행
자들은 무슨 말인가 할 테다.

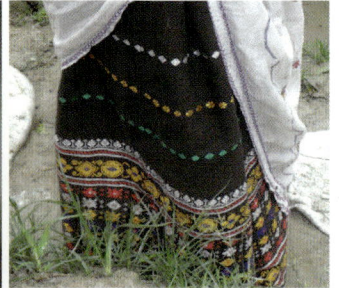

_아쌈 옷인 멕칼라 사돌

거리가 축제같이 보이는 건 과자가게 때문만은 아니었다. 인도 여성의 심볼 마크인 *사리(Saree)보다 스커트에 한 겹을 더 덮는 아쌈의 한복이자 평상복인 멕칼라 사돌 때문이다.

신분의 고하를 막론하고 인도 여성들의 옷은 수백 년간 입어온 사리의 변천사다.

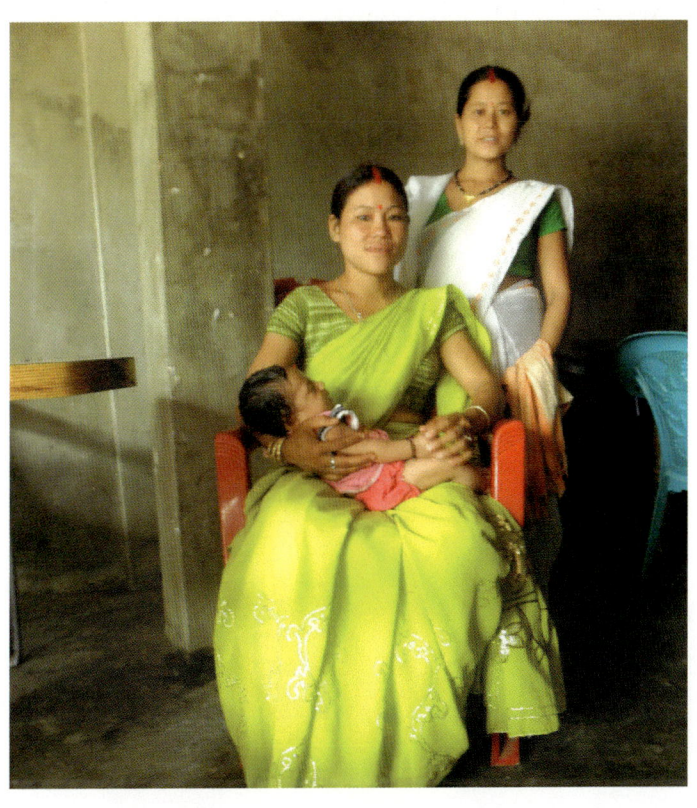

롱 드레스에 오른쪽 어깨와 허리를 살짝만 보여주는 스타일이 섹시하다고나 할까. 더러는 배꼽티처럼 절구통 허리만은 가렸으면 하는 몸매도 아랑곳없다. 스타일은 예나 지금이나 변함이 없지만 대범하고 과감하게 보이는 건 색깔 때문일 거다. 한복처럼 원색의 크레용 색깔이다.

여기에 맞춰 머리에서 발가락까지 수십 종에 달하는 각양각색의 장신구는 좋아서가 아니라 반드시 해야 하는 치장의 한 부분이다. 다행히 손, 발가락이 열 개이길 망정이지 더 있었으면 뭐라도 더 붙였을 사람들이다.

앞가르마에 칠한 빨간 줄은 남편이 있다는 표시다. 부인의 겉옷 차림은 남편의 지위나 체면을 말해 준다. 옷감의 소재와 문양에 따라 신분과 재력이 나오기 때문이다. 이러니 시장이나 이웃집을 가더라도 겉포장만은 잘 하고 나가야 한다. 우리가 흔히 의(衣), 식(食), 주(住)라고 말하는데 이곳도 다르지 않다. 여성들의 하루는 옷차림에서부터 시작된다고나 할까. 형편이야 어찌 됐던 날마다 멋 부리는 재미에 사는 사람들이다. 살림하는 주부들도 옷만은 제대로 입으려고 안간힘을 쓸 정도이니….

미싱 족 전통 옷

핸드룸(Handloom: 물레, 베틀)의 현장을 가 봤다. *간디(Gandhi)
의 트레이드 마크인 물레를 돌리는 장소다. 뱀부 하우스 1층. 핸
드룸에서 형형색색의 실이 여인의 발길질에 따라 오르락내리락
한다. 한 줄씩 실이 모여 옷감이 되고 무늬가 만들어 지는게 여
고 시절, 가사시간에 수를 한 땀 한 땀 놓는 듯했다.

🦎_핸드룸을 만드는 모습. 집에서 직접 만들어 입는 경우가 많다.

지켜보고 있으니까 나보고 한번 해 보겠냐고 한다. 의자에 앉으라고 하고는 발과 손으로, 하는 방법을 가르쳐 주는데 자꾸 실이 줄에 걸려 끊어지는 바람에 아까운 실만 날렸다.

본래 핸르룸은 아뿅(막걸리)과 더불어 미싱 족만의 독과점 품목이었다. 그러던 게 돈이 되니까 너도나도 하는 세상이 된 것이다. 사는 것보다 두 배나 저렴하다. 수작업이 주는 매력이 있는 만큼 '나만의 작품'을 만들려는 여성들이 늘고 있다. 아름답고 정교하게 만든 것은 더러 팔기도 한다. 판로도 알선 해 주는 일자리 창출 공동체가 동네마다 있다. 손바느질을 아우르는 핸드 메이드 가치는 오히려 타 도시에서 더 인정해 준다.

_직접 만든 고운 핸드룸들

"우리가 만든 제품은 품질이 뛰어나서 인도 전역에서 인기지요."
여인은 옷감을 짜면서도 자랑을 늘어놓느라 입이 바쁘다. 실이 엉키면 어쩌려고.

옷감에서 마름모 무늬가 서서히 드러나기 시작했다. 감탄을 하고 있으니까 입으려고 짜 놓은 천이 있는데 보여주겠단다. 여인을 닮은 딸, 대학을 갓 들어간 소라이가 손님을 맞는다. 황금색이 박힌 천을 보여주더니 한번 입어 보란다. 되게 쑥스럽다.

"내가 도와줄게요. 자, 한쪽 팔 벌리고…."

먼저 긴 천을 어떻게 하더니 허리를 스윽~ 감아주는 것이었다. 한 번 반을 둘러 롱 스커트를 만든 다음, 가슴 왼쪽에서 오른쪽 사선으로 해서 어깨로 올라간다. 이번엔 어깨를 거쳐 남은 천을 뒤로 축 늘어뜨리니까 멕칼라 사돌이 되었다. 순식간에 긴 옷감이 멋진 옷으로 태어났다.

목을 스칠 때 실크의 부드러운 감촉이 사르르~ 소리가 나는 듯했다. 소라이 손이 허리에서 가슴으로, 다시 목에 닿을 때, 살짝 간지럽기도 했지만 내 입은 귀에 걸렸다. 나의 아킬레스건인 굵은 허리가 공개될 때는 잠시 고개를 떨어뜨려야 했다.

날마다 입고 벗는 옷이라 손놀림이 착착이다. 자기들이 입을 때는 몇 분 안 걸린단다.

거울속에는 아쌈 여인이 서 있었다.

'너 누구냐?'

황금색 줄무늬가 거울에 반사돼 얼굴까지 환해지고 있었다. 다들 와! 와! 하면서 박수를 친다. 조금 쑥스럽기도 하고 민망하기도 하다. 사실, 한번 입어 봤으면 했다. 내가 나를 봐도 멋지다.

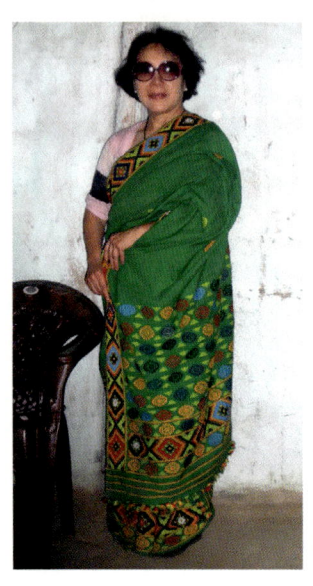

'시집 한 번 더 가도 되겠는 걸, 호호!'

옷에 맞춰 양미간에 붙여준 빨간 빈디가 떨어질까 조심스럽다. 색종이 오려 붙인 것 같다. 아프리카 마사이 족이나 걸칠 것 같은 목걸이와 팔찌, 귀고리 삼종 세트는 아쌈의 전통 장신구다. 팔찌는 맞지 않아 포기하고 목걸이와 귀고리만 걸쳤는데도 제법 폼이 났다. 나보다 코디(!)들이 더 좋아라 한다.

"단야왓(고마워요)!"

방에서 부엌으로, 다시 창고 쪽으로 살살 걸어보았다. 이브닝 드레스를 입은 스타들의 기분이 이럴까. 붕~ 떠 있는 기분이다. 몇 발자국 걷는데 약간 무게를 느낀다. '이참에 아쌈 홍보대 사라도 할까?', 이렇게 입고 한국의 거리를 활보하는 모습을 잠깐 상상했다.

그때 옆집의 소녀가 오더니 자기 집으로 가자고 하는 바람에 여기서 나의 패션쇼는 멈췄다. 남의 귀한 옷을 마냥 입고 있는 것도 실례다. 입어 본 것만도 고맙다.

서로 옷을 입어보고 입혀주는 패션놀이는 어렸을 때나 지금이나 순간만은 행복하다. 앙드레 김 패션도 해보고 *안젤리나 졸리(Angelina Jolie) 패션도 해보니 말이다. 사는 데 의식주만큼 기쁨을 주는 게 또 있을까 싶다.
코드가 맞는 '행복 파트너'들과 어울려 이국에서 패션쇼를 해보다니, 한국에서는 언감생심 꿈도 못 꾸어본 거다.

여러분도 오셔서 패션의 주인공이 돼 보시길!

_직접 만든 고운 핸드룸들

* 빈디: 일명 띠, 까(Tika)라고 함. 힌두교도 여자들이 이마 중앙에 찍거나 붙이는 장식.
* 사리(Saree): 인도 여성의 전통 의상. 8~12m 길이.
* 간디: 마하트마 간디(Mahatma Gandhi). 인도의 독립 지도자.
* 안젤리나 졸리(Angelina Jolie): 미국 영화배우.

길치를 위한 길 전도사

가끔 친구들한테 핀잔으로 듣는 말이 있다.

"넌 뛰어난 길치인데 운전하는 걸 보면 정말 신기해."

요즘은 예쁜 목소리의 '내비'가 대신해 주지만 얼마 전까지만 해도 눈짐작으로 길을 찾아가곤 했었다. 동서남북 방향을 모르는데 이정표를 본들 무슨 소용이 있으며, 또 어디까지 몇 키로 미터라고 쓰인 것을 봐도 느낌이 전혀 안 오는 걸 나로서도 어쩔수가 없다. 그런 길치가 사방으로 여행을 다니는 걸 보면 친구들 말대로 정말 신기하다.

그런데 섬에서는 '뛰어난 길치'만이 빛을 발하게 된다. 그건 너무도 쉽지만 그렇다고 아무나 할 수 있는 게 아니다. 섬의 대중교통수단은 버스와 택시뿐이다. 번화가 한복판에 똑같이 생긴 승합차가 죽~ 서 있으면 택시로 봐도 된다. 대부분 선착장으로 가는 손님을 기다리는 차이다. 인도의 모든 공용 택시는 노란색이지만 마줄리만은 예외다. 공용은 회색으로 정해져 있고 사설은 차주 마음대로 색깔을 쓸 수 있다. 승객의 입장에서는 뭘 타든 가격은 똑같다.

낮에는 손님이 뜸하다 보니, 기사들이 여행자나 순례자들에게 하루를 통째로 렌트 하라고 부추긴다. 그러는 게 수입이 훨씬 나으니까.

외국 여행객이 가장 만만한지라 길을 가다 만나면 자꾸 말을 건다. 오며가며 낯을 익힌 스무 기사들이 많은 명소를 구경시켜주고 가이드 서비스까지 해주겠다고 나를 유혹한다.

경상도 사나이처럼 생긴 노바(Nova)가 걸어가는 나를 발견하고는 운전하다 말고,

"마담! 도자기 마을이 있는데요. 그곳을 안 보면 마줄리 왔다고 할 수가 없어요."

행여나 필요할 때를 생각해 딱 잘라 거절은 못하고 미소로만 응해줬다.

🐌 드라이버 겸 가이드 노바(Nova)

이럴 때 *자전거를 탈 줄 알면 얼마나 좋을까. 훌쩍 돌다 오면 될 텐데 말이다. 자전거를 빌려 신나게 달리는 유럽인들을 보면 멋져 보이고 부러웠다. 이런 모습을 보면서 자전거 못타는 나에게 부아가 치밀어 *'휠치'라고 원망하며, 한국에 돌아가면 자전거부터 배우리라 다짐했다.

편한 걸 마다할 여행자는 없을 것이다. 그래 봤자 하루 쓰는 데 500루피(약 13,000원)다. 말만 잘하면 더 내려갈 수도 있는 착한 가격이다. 그러나 꼭 타야만 하는 굵직한 교통수단을 빼고는 웬만하면 걸으려고 한다. 여행지에서 택시나 릭샤는 몸이 좋지 않을 때만 부르는 앰뷸런스라 스스로 정했기 때문이다.

길, 풍경, 나무, 꽃, 사람들과의 관계를 맺는 데에는 역시 걷기만한 게 없다. 놀러가는 길에 우연히 만난 친구와 수다를 풀듯 하면 된다. 적어도 걸어가며 한눈팔다 어디엔가 부딪혀 사고를 일으킬 염려는 없으니까. 설혹 길을 몰라 샛길로 슬그머니 빠지면 어떠랴.
보너스라고 할까. 걷다 피곤이 올라치면 지나가는 오토바이 싱글족을 붙잡아 뒷자리에 얹혀가기도 한다. 잠깐이나마 '야타족'이 되어 보는 것이다. 처음에는 차마 용기가 나지 않았는데 현지인들이 하는 걸 보고 자신이 생겼다. 바람을 맞으며 도로를 달리는 기분이 꽤 좋다. 함께 바람을 맞으며 낯선 이들과 금세 친구가 된다. 이런 재미에 일부러 더 걷는 걸 고집하는지도 모른다.

안내 책자나 론리 플래닛(Lonely Planet) 가이드북은 있지만 현지인들이 말해주는 것만큼 정확한 정보는 없다. 밭일을 하다가도 나그네가 물어보면 기꺼이 길을 알려주는 할머니가 있는가 하면, 아이들한테 길을 물으면 어디가 더 좋다고 일러줄 때도 있다. 하나하나 물어가면서 원하는 곳을 찾았을 때 그 뿌듯함이란 길치만이 누릴 수 있는 포만감이다. 그러니 내가 길에서 서성대는 스무 드라이버를 보면 짜이를 대접할 수밖에. 도자기 마을인 살모라(Salmora)를 가게 된 것도 다 기사 입에서 나온 고급 알짜 정보였다.

인도 공영 택시

여행지치고 가이드 없는 곳이 있을까. 그래서 시청에서도 택시 기사들에게 가이드 교육을 시키고 있다. 영어 사전을 운전석 옆에 비치해 놓은 기사도 보았다. 언젠가 여행자들이 몰려오는 날이면 가이드까지 겸한 기사가 인기 직업으로 떠오를 날도 멀지 않겠다.

내가 노바한테 그런 말을 해주면 신바람이 나서 어깨를 들썩인다. 꽤 흐뭇해하는 표정이다. 당장이라도 "그래 기분이다. 네 차를 하루 풀(Full)로 쓰마."하는 날에는 팔짝팔짝 뛸지도 모른다.
여행자 입장에서도 차편에 가이드까지 겸한 드라이버가 비용도
적게 들고 간편할 테니 말이다.

어느 날인가는 버스 문에 매달려가던 콘닥터(기사)가 길 가는
나를 알아보고 손을 흔든다. 평소 무심하던 표정이 제법 웃음까
지 짓고는,
"버스 안 타요?" 내가 "탈 거예요" 하면 당장 차를 세울 기세였다.
지명만 대면 출발 시간과 도착 시간, 정류장까지 친절히 알려준
다. 콘닥터하고 친구가 되면 가이드를 고용한 것과 마찬가지다.

_콘닥터와 운전기사

* 자전거: 대여점, 가격, ☎: 별도 부록 첨부 (택시기사 가이드, 가격)
* 휠치(Wheeltii): 자전거 못타는 사람을 일컬음. ex) 길치
* 쟝글라이묵(Jengraimukh): 선착장에서 20km 떨어진 대나무 정글마을.

170│171   india

길치만의 비법이란 게 뭐 있나. 현지인들과 친구가 되면 되는 것이다. 그래서 그런가, 여행 고수들을 보면 길치들이 유별나게 많은 편이다.

이렇게 마줄리의 매력은 개발이 안 된, 비여행지라는 탓에 기사까지도 인간적인 정이 뚝뚝 묻어나는 곳이다. 한 번쯤은 택시를 타고 *장글라이묵(Jengraimukh) 밀림에 다녀오리라 마음먹고 있다. 길 전도사와 럭셔리한 일일 여행!

_ Potograph by Manash Jyoti Dutta, in Assam INDIA

4. 마을 산책

가장 짧은 뱃길 여행

*뜻하지 않은 뱃길 여행*을 하게 되었다. 그런데 뜻하지 않은 일은 또 있었다. 비가 많이 내려 오솔길이 사라져 버린 것이다! 며칠 전까지만 해도 분명 흙길이었는데 어느새 물길이 되어 있었다.

일단 바지끝을 한 단 접어 올린 다음 샌들을 손에 들고, 행여 미끄러질까 온 신경을 발바닥에 모아서 한 발짝씩 걸음을 옮기고 있었다. 때마침 맞은편에서 한 무리의 소들이 주인 농부와 물을 건너고 있었다. 어미 소들은 우직한 덩치답게 묵직한 발을 듬성듬성 내딛으며 물살을 가른다. 어린 송아지도 조심조심 침착하게 건넌다. 동물들이라고 겁이 없겠느냐만 사람인 나보다 침착하고 차분하다. 물이라면 수영조차 하기 싫어하는 내가 위급 상황에 맞닥뜨릴 때에는 속수무책이다. 소보다 못하니 에휴! 이런저런 생각을 하다 자칫 미끄러질 뻔했다.

물살을 빠져나와 오솔길로 접어들자, 마음이 한결 놓인다. 고개를 돌려 뒤를 보니 무사히 물을 건넌 소떼가 저만치 멀어져 가고 있었다.

오솔길을 벗어나자, 들판 너머로 강이 보인다. 거대한 브라마푸트라의 지류인 다우(Daw) 강이다. 여기를 건너야만 살모라(Salmora) 도자기 마을을 갈 수 있다. 강을 경계로 동네 지명이 바뀐다. 벙가온(Bangaon) → 살모라.

여기서부터는 배를 타야 한다. 부둣가라고 하기엔 보잘것없지만, 강가 한쪽으로 작은 배라도 대고 있으니 나름 부둣가인 셈이다. 살모라로 들어가려는 승객이 하나둘 모여들었다. 십여 명쯤 모이니 선주가 이만하면 됐다 싶은지 노를 휘이적 젓기 시작한다. 한 사람만 더 태우면 더는 서 있을 자리조차 없는 아담한 뱀부 나룻배가 물살을 가르면서 느릿하게 나아간다.

물이 빠지면 얼마든지 헤엄쳐 갈 수도 있는 강폭이 좁은 물길이다. 개구쟁이들이 물장구치면서 건너기에 너끈한 거리다. 바로 지척에 보이는 살모라(Salmora)로 가는 물 위에 내가 서 있었다.

유난히도 파란 하늘. 나룻배가 물살을 흔들며 지나간다. 물 위로 투명한 나이테 무늬가 그려지고 또 지워진다. 물빛에 비치는 뭉게구름은 몽환 그 자체. 배가 지나면 강 위에 그려진 구름이 제멋대로 흔들린다. 살랑대는 바람을 안고 잠시 눈이라도 붙이고 싶은 평화로운 오후다. 배 밑에서 물살 부딪치는 소리가 나를 툭툭 건드리는 탓에 그만 감상에서 벗어나야만 했다.

어느새 배는 뭍 가까이 닿았다. 배가 서기도 전에 승객들은 빠져나간다. 고작해야 5분여 남짓 흘렀을까. 세상에서 제일 짧고도 평화로운 뱃길 여행이었다.

도자기 굽는 마을 (2)

수호천사를 만나다

이 길이 이리 힘들 줄 알았다면 진작 포기했을 거다. 가도 가도 우거진 뱀부 숲만 나올 뿐 도자기 마을이란 곳은 보이지를 않는다. 큰길에서 현지인이 가르쳐준 대로 왔건만 드문드문 민가만 보일 뿐이다. 숲이 그늘이 되어주어 좋긴 하지만 마음은 안갯속을 거니 듯 답답하다.

마침 교복을 입은 여학생들이 지나가기에 물었건만 모르쇠로 일관한다. 그네들은 영어가 안 되고 나는 힌두어가 안 되었다. 보디랭귀지로 표현해보지만, 오히려 엉성한 팬터마임은 학생들에게 웃음거리만 될 뿐. 영어를 할 줄 아는 사람이 이렇게나 없다니!

아이들이 떼거리로 나를 졸졸 따라다닌다. 어른들도 길을 가다 말고 나를 보기 일쑤다. 여기라고 예외는 아닐 터. 나는 모른 척, 앞만 보고 걸었다. 길을 잃은 것을 화풀이라도 하듯, 아이들에게 짜증 섞인 손짓을 해보지만 이 녀석들은 그저 배시시 웃을 뿐이다.

호기심 많은 아이들

흔한 구멍가게나 빤(Pan)을 파는 가게도 안 보였다. 점점 짜증은 배가 되고 다리마저 쉬었다 가자고 나를 보챈다. 잠깐이라도 쉬고 싶은데 나만 보면 무조건 "깜, 깜(Come, Come)" 하던 주민들이 여기서는 나타나지 않는 것이다. 이상하다, 분명 이곳도 마줄리인데. 다 집어치우고 되돌아갈까 하던 차에, 내 옆으로 어떤 청년이 다가왔다. 곱게 생긴 인상에 수줍음이 가득 찬 청년이다. 일단 나의 배낭 영어(Backpacker English) 수준이 먹히니 한 시름 놓는다. 드디어 수호천사가 나타난 거다!

"도자기 마을이 어디에 있어요?"

"여긴데요."

"그런데 도자기가 왜 안보이죠?"

"집 마당 안으로 들어가면 있어요."

살모라 마을 전체가 오직 핸드 메이드로 도자기를 구워내는 생산지다. 브라마푸트라 강을 끼고 둑 주위로 도자기 굽는 *쿠마르 부족의 공동체가 있을 정도다. 그런 줄도 모르고 정처 없이 앞으로 앞으로 걷기만 했으니, 모르면 용감하다고 결국 죄 없는 몸만 고생한 셈이다.

🦎 도자기 빚는 할머니

수호천사를 따라 어느 집으로 들이갔다. 과연 마당에는 깨어진 질그릇들이 여기저기 나뒹굴고 있었다. 흙은 파낸 구덩이에 일을 하다만 흔적이 엿보인다. 등이 굽은 할머니가 그릇을 빚고 계시다가 물끄러미 나를 보더니 다시 작업을 계속한다. 땀이 이마에 송송 배어 있다. 손등까지 시커먼 흙을 묻힌 채 그릇을 돌돌 돌려가면서 모양을 만들고 계셨다. 시선을 떼지 않은 채 슬쩍 수호천사에게 무언가를 묻는데, 눈치로 보아 하니 내가 누구냐고 묻는 것 같다.

허름한 창고 안은 가마가 있는 작업실이다. 묵은 연장들이 벽에 걸려 있고, 작고 큰 질그릇들이 벽돌 쌓아놓듯 채워져 있었다. 어디서 많이 봤다 했더니 미싱 족이 사는 뱀부 하우스 촌에서 본 그릇이다. 저 그릇에다 아뽕(Apong, 막걸리)을 담아 주었었지. 문득, 영화 <사랑과 영혼(Ghost)>에 나오는 빙빙 돌아가는 도자기 물레가 있으면 좋겠다는 생각이 든다. 그렇다면 할머니가 저렇게 애를 쓰지 않아도 되니 말이다.

수호천사가 그만 나가자고 눈짓을 보낸다. 살짝 20루피를 그릇 위에 올려놓고 속히 빠져나왔다. 그러고 보니 지나가는 집마다 질그릇이 보였다. 그렇게 찾을 때는 왜 안 보였을까. 등잔 밑이 어둡다더니.

수호천사가 "다른 곳도 더 볼래요?" 하고 묻는다. 도자기에 취미가 있는 것도 아니고, 집이 어디냐고 물었더니 무슨 말인지 알아차리고 자기 집으로 안내한다. 그의 성(姓)은 보라(Borah). 사

회학을 전공하는 대학생이다. 벙가온(Bongaon)에 있는 대학을
다니는데 방학 중이라 집에 와 있단다. *십사가르에 사는 내 인
도 친구가 사회학 교수라고 자랑했더니 꼭 자기 얘기를 해 달라
고 부탁한다. 수호천사, 걱정 마!

* 쿠마르 부족의 공동체(Kumar Communiity): 쿠마르는 도자기 굽는 부족을 말함. 주민들이 공동으로 도자기를 생
   산해 내는 곳.
* 십사가르(Sivsagar): 조르하트에서 북쪽으로 50km 떨어진 대도시. 600년간 통치했던 아홉 왕조시절의 수도, 유
   적지.

결혼 전야제

살보라 역시 온통 뱀부 숲이다. 잎이 잎을 가려 앞이 잘
보이지 않을 정도로 축축 늘어진 무성한 가지들이 꽤 오래된 고
목인 것을 짐작게 한다. 숲 깊은 곳이라 그런지 마을보다 공기가
더 청정한 느낌이다.

이때 야자수 그림의 화려한 휘장이 담장에 쳐져 있는 집이 시야
에 들어온다. 잔칫집일 것 같다는 생각이 퍼뜩 스쳐 보라에게 물
으니 맞다고 한다. 그러니까 신부 집이다. 여행자에게는 스페셜
보너스! 다짜고짜 들어가자고 보라를 잡아끌었다.

신랑

입구에서부터 잔칫집답게 시끌벅적한 소리가 들린다. 비닐 천으로 하늘을 가린 넓은 마당에는 동네 어른들이 삼삼오오 모여 웅성웅성대고 있다. 한편에는 카드놀이에 열중한 사람들도 보이고, 아쌈의 전통복인 하얀 두루마리와 도띠, 까뮤샤(Gamusa, 긴 타올)를 두른 남정네들이 여럿 보인다. 멕칼라 사돌을 곱게 차려입은 할머니들이 남자들과 저만치 떨어져, 누가 여자들 아니랄까봐 와자하게 떠들고 있다. 아낙네들의 발걸음은 분주하다. 손에 든 쟁반의 짜이와 과자가 먹음직스럽다.

내가 들어가자, 다들 하던 일을 멈추고 자기들 앞으로 오라고 자리를 내준다. 순식간에 내 옆은 꼬마들이 진을 쳤다.

신부가 보고 싶었기 때문에 보라에게 언제 행사를 시작하느냐고 물어보았다. 팡파르가 울리지 않는 걸 보니 아마 오늘은 전야제인 것 같단다. 그렇다면 신부 보기는 글렀다. 인도의 잔치 풍습은 신분의 고하를 막론하고 당일 전날 시작해 3일간 치른다. 보라는 흥미가 없는지 그만 나갔으면 하는 눈치다.

드디어 신에게 드리는 의식이 시작됐다. 제사장이 뭐라고 읊조리면서 새로 차려진 사당 앞으로 간다. 꽃과 하리(Hari, 의식용 놋쇠 그릇)를 놓고 큰절을 올린다. 다음으로 양가 어른들 차례. 가까이 다가간 나는 카메라를 꺼내 셔터를 마구 누르기 시작했다. 한 어른이 신성한 곳이니 찍지 말라고 손짓을 한다. 할 수 없이 초점을 부엌으로 돌렸다.

부엌 바닥에는 기호품인, 빤(Pan)에 쓸 재료들이 수북이 깔려 있다. 아주머니들이 밤톨만 한 *베텔 넛(Betel nut)을 잘게 잘라 놓은 다음, 잎사귀에 알맹이 하나씩 얹어 놓고 있다. 그런 걸 나 보고도 씹으라고 하나 건넨다. 아, 노땡큐!

🦎 _빤의 재료인 빈랑 무(Betel nut) 열매

솥에서 콩 찌는 냄새가 진동을 한다. 바나나 잎사귀를 접어 접시를 만드는 팀과 음식을 조리하는 팀이 나눠져 있었는데, 양쪽 모두 일하다 말고 자기들도 찍어달라고 성화다.

이곳저곳 정신없이 찍다 보니 보라가 안 보이는 것이다. 그새를 못 참고 가버렸나, 두리번거리며 마당으로 나오니 한 아주머니가 뭐가 수북이 담긴 접시를 주고 간다. 의식을 치를 때나 잔치 때나 먹는다는 *프라사담(Prasadam)이다. 설익은 콩에서 비린내와 풋내가 입맛을 앗아간다. 덥석 받긴 했지만 다 먹지 못하고 바나나만 집어들고 접시는 바닥에 슬쩍 내려놓았다. 그러자, 남의 속도 모르고 다 먹은 줄 알고 다시 가져다준다. 괜찮다는데도 누누이 권하니 어쩐다…. '마음만 고맙게 받을게요!'

마당 어디를 가도 아뽕(Apong, 쌀막걸리)은 보이지 않는다. 미싱 족이 아닌가 보다. 잔치에 술이 없으니 흥이 안 난다. 더구나 결혼식의 히로인인 신부가 없으니 나로선 더 흥이 안 날 수밖에. 시끌벅적하지만 팡파르가 없어 지루한 행사는 더 이상 진척이 없는 것 같았다.

보라가 어디 갔는지 여기저기 둘러봐도 보이지 않는다. 주변 사람들에게 물어봐도 잔치에 흥이 올라 건성으로 고개만 내젓는다. 대체 어디 간 거지? 시간을 보니 마냥 기다릴 여유가 없다. 어영부영 하다 배 시간 놓칠까봐 서둘러 나왔다. 잠시 밖에서 서성대다 안 되겠다 싶어 빠른 걸음으로 선착장을 향해 걸었다. 혹시 가는 길에 만나지는 않을까. 보라의 집에는 못 간다 해도 고맙다는 인사는 하고 떠나야 하는데….

---

* 베틸 넛(Betel nut): 빈랑나무 열매.
* 프라사담(Prasadam): 많은 콩 종류를 살짝 쪄서 만든 음식으로 의식 때 빠지면 안 되는 성찬.

길을 잃어버리다

해가 서산으로 지는 걸 보니 행여 배를 놓치게 될까 마음이 급하다. 온 길을 그대로 되돌아가면 되니까 길치라도 괜찮을 거야. 선착장에서 꽤 먼 거리를 걸어 들어왔지만, 어디쯤에 학교가 있었고, 어느 집 마당에 어떤 도자기가 굴러다니는지 기억하고 있으니까 문제없겠지. 우거진 뱀부 숲 틈새로 내리던 햇살이 서서히 사라지려고 한다. 정신없이 한참을 걸었더니 다리가 뻐근하다. 이렇게 멀리 들어왔었나. 이미 숲을 빠져나와 내 기억 속의 학교와 마당에 도자기가 있던 집도 지났다. 그 다음엔 강이 보여야 하는데 도무지 보이지 않는 것이었다. 진작 주민들이 지나갈 때 물어봤어야 했는데…. 해가 지자 지나는 사람이 없다. 버럭 겁이 나기 시작했다. 좀 더 보라를 기다릴 걸…. 길치인 내가 어쩌자고 이런 무모한 짓을 했을까.

왔던 길을 다시 돌아서 걷는데, 해는 이미 거의 져 길조차 희미하다. 이정표가 있을까 둘러봐도 보이는 건 온통 뱀부뿐이다. 큰일이다. 정신을 바짝 차리고 일단 민가부터 찾기로 했다. 그래, 오늘 배를 못 타면 여기서 자고 가면 된다. 민가든 사람이든 만나기만 하면 되는 것이다. 무조건 빌붙기로 했다.

내가 제대로 가고 있는 것인지 모르겠다. 이러다가 납치라도 되는 건 아닐까 불길한 생각이 떠오르자 뒷목과 이마에 식은땀으로 축축해졌다. 식구들 얼굴들이 하나둘 스쳐지나간다. '나 홀로' 여행이 이렇게 서러울 수가 없다. 아쌈 주에서만 사용할 수 있는 휴대폰을 꼭 쥐고 있었다. 목을 만져 보니 SOS용 호루라기가 제대로 걸려 있다. 호루라기를 만지작거리며 여차하면 마구 불 거라 다짐한다. 깜깜해지기 전에 누구라도 만나야 하는데…. '도와 주세요, 주님! 제발.' 기도를 계속 웅얼거리며 걷고 있었다. 앞이 잘 안 보이니까 발에 걸리는 것들이 왜 이리 많은지…. 자칫하다 돌에 걸려 넘어질 뻔했다. 손전등을 꺼내들고 켜는데 눈물이 전등에 똑 떨어진다. 시계를 보니 벌써 여섯 시가 넘었다. 간간히 들리던 새소리마저 더 이상 들리지 않는다.

드디어 세상은 완전히 어두워져 하늘도 땅도 경계가 사라졌다. 어디서 귀신이 나와서 확 달려들 것만 같았다.
'이렇게 내 삶이 끝나는 건가, 어쩌면 좋아.' 너무 무섭고 서글퍼 엉엉 울면서 걸었다. 머리는 점점 아무 생각도 할 수 없게 텅 비워졌다.
"헬프 미! 헬프 미! 너무 무서워요, 누가 좀 도와주세요!"
수십 번이나 젖 먹던 힘을 다해 울부짖었다. 순간 발에 턱 하고 뭐가 걸리는 것이었다. 소스라치게 놀라며, 어이구구! 바닥에 꼬꾸라졌다. 바닥을 손전등으로 비추어가면서 나무를 붙잡고 서야 겨우 일어날 수 있었다. 도둑고양이가 내 발을 치고 도망간 것이다.
"저 미친놈의 고양이를 확~!"

그 자리에서 한참을 벌벌 떨며 울고만 있었던 것 같다. 그런데, 멀리서 희미한 불빛이 보였다. 순간 정신이 번쩍 들었다.

'그래, 죽으라는 법은 없는 거야.'

울다 말고 "헬프 미!" 하고 온 힘을 다해 소리를 질러댔다. 손전등을 높이 쳐들고 마구 흔들어댔다. 불빛은 점점 커져왔다. 끼익 하고 자전거 멈추는 소리가 났다. 어두워 잘 보이지는 않지만 젊은 남자였다. 손전등으로 바짝 상대의 얼굴을 비추는 순간, 나도 모르게 상대방을 와락 껴안았다. 내 귓전엔 엉엉 우는 소리만 들릴 뿐이었다.

얼마나 지났을까, 갑자기 몸 둘 바를 모르게 부끄러워졌다. 모르는 남자를 껴안고 울고 있었다니…. 쥐구멍이라도 있으면 들어가고 싶을 정도였다.

"아임 베리 쏘리, 쏘리."

'어디선가 본 것 같은데….' 눈물로 범벅이 된 얼굴을 닦는데 손에 피가 묻는다. 아까 넘어졌을 때 다쳤나 보다. 다리도 아프고 버틸 힘도 없다. 아무데나 땅바닥에 털퍼덕 앉았다. 엉덩이에서 찬 기운이 올라온다.

그때 또 다른 누군가 우리 앞으로 다가온다. 그 사람도 우는 소리를 듣고 놀라서 나와 봤단다. 이런 망신이 있나. 그래도 사람들을 보니까 살 것 같다.

"배는 끊겼나요?"

"벌써 여섯 시가 훨씬 지났어요. 배는 없어요."

"근데 누구…? 잔치 집에서 본 것 같은데…."

목이 칼칼해져서 말이 잘 안 나온다. 기껏 있다 누구냐고 묻는

내가 우스웠다. 남자도 따라 웃는다. 낮에 잔칫집에서 스쳐 지나
치면서 보았던 남자다.

"근처에 살고 있어요. 아버지께서 어디선가 여자가 울면서 소리
치는 것 같다고 하셨어요. 그러니 빨리 나가 보라고요. 우리 동
네에서 이런 일은 처음이거든요."

감격의 눈물이 다시 솟구친다. 내 큰 목청이 한몫을 한 것이다.
걸어가는데 그제야 호루라기의 감촉이 느껴진다. 아차! 이걸 불
어댈 걸.

남자 집은 그리 멀지 않은 데 있었다. 어두워서 그렇지 집들은
근처에 있었다. 자초지종을 이야기했더니, 내 휴대전화를 달라
더니 어디엔가 전화를 건다. 잠시 후 전화벨이 요란하게 울린다.
받아 보니 보라였다. 순간 그가 미워서 소리를 꽥 질렀다. 그러
자 오히려 자기가 섭섭하단다. 잔칫집으로 다시 갔는데 내가 없
었단다. 자기네 집으로 가기로 약속을 했으면서 어긴 건 나라고.
듣고 보니 맞는 말이다.

아침에 배를 타려고 나왔는데 선착장에 주민들이 옹기종기 모
여 있는 게 보였다. 밤새 나의 사연이 동네에 퍼진 것이다. 나 역
시 어젯 밤 시트콤이 생각나서 민망함에 얼굴을 제대로 들 수가
없었다. 생명의 은인인 남자와 그의 부모님에게 연신 고맙다는
말만 되풀이했을 뿐이다. 배에 올라타면서 주민들에게 손을 흔
들었다. 정말 지구 밖 어딘가에 있다가 한참 만에 지구로 돌아가
는 기분이다. 눈앞에 보이는 것들이 모두 새삼스러워 보인다. 배
는 서서히 반대 방향으로 움직이고 있었는데, 저 멀리 누가 헐레

벌떡 뛰어오는 게 보였다. 큰 소리로,
"마담~ 쏘리~ 굿 럭키!"
보라였다.

불과 몇 분의 짧은 뱃길이지만 바닥에 털썩 앉았다. 밤새 한잠도
못 잤더니 눈이 감기려고 한다. 아무 생각도 하고 싶지 않다. 어
서 집으로 돌아가고 싶은 마음뿐이다.

꼬마 스토커들

종교 등의 이유로 내키지 않더라도 수도원은 가보는 것
이 좋다. 종교는 그 나라의 역사와 문화를 말해주기 때문이다.
수도원, 즉 사뜨라만의 독특함은 아쌈의 전통과 문화를 대변해
주는 키워드다. 섬에 들어왔으면 한 번은 들러 봐야 할 명소다.
주민들이 나에게 그곳만은 꼭 가봐야 한다고 '강추' 하는 바람
에 찾아 나선 사뜨라가 있었다. 숙소에서 20여 km 떨어진 외
진 구역이었다. 주민들한테 물어보니 버스는 아침과 오후, 하루
에 두 번만 운행한단다. 아침잠을 물리치고 일찍 서둘러 더킨팟
(Dakinpat)행 버스를 탔다. 출발부터 승객들이 차고 넘친다. 중
간에 탔더라면 아마 문짝에 매달려 갔을지도 모를 일이다. 벙가
온(Bongaon) 종점으로 들어가는 노선이다.
승객들 대부분은 모두 검게 그을리고 주름이 깊게 잡힌 아주
머니 아저씨들뿐이었다. 앉아가기는 애초에 글렀다. 맨 앞자리
에 서서 가니 경치가 한눈에 들어온다. 버스가 제멋대로 우거
진 뱀부 가지들을 헤쳐 가느라 가다 서다 반복을 거듭한다. 기
사와 나뭇가지가 신경전을 벌인다. 삭~삭~잎사귀를 스치는 소
리가 정겹다.

비포장도로의 무성한 가지들 등쌀에 마구 달리지 못하는 기사는 짜증이 나겠지만, 승객의 입장에선 안전하다. 설혹 문짝에 매달려 가더라도 속도가 느려 안심이 되기 때문이다.

한 시간쯤 지났을까 콘닥터(버스 조수)가 내리라는 손짓을 한다. 그 손짓에 버스에서 내리니 한적한 동네다. 오후에 시내로 나가는 마지막 차 시간을 확인하고 운전기사와 콘닥터에게 손을 흔들었다. 이따 다시 보자는 약속의 신호다.

이른 아침이라 그런지 나를 먼저 반긴 것은 산책을 나온 소와 염소, 개뿐이다. 송아지만큼 큰 개가 허공에 컹컹 짖어대며 내 뒤를 따라온다. 곧 이어 또 한 마리가 어디서 나타나서는 따라서 짖어대는 것이었다.

으악! 말 그대로 이거 '객지에서 개죽음을 당하는구나.' 싶은 생각에 머리가 꼿꼿이 섰다. 개의 습성이 뛰어가면 같이 따라 올 것 같은 판단에 가다 말고 두렵지만 돌처럼 서 있었다. 그러니까 뒤따라오던 개들도 덩달아 선다. 이때부터 아주 느긋하게 현지인처럼 걸어가니까 다행히도 슬슬 꽁무니를 빼더니 가버리는 것이다. 식은땀이 날 정도로 긴장되는 순간이었다. 다급하면 오히려 침착해진다더니 맞는 말인가 보다. 개까지 텃세를 부리다니…!

더킨팟 사뜨라(Dakinpat Satra)를 가려면 길게 뻗은 마을과 논밭 사이의 뚝방길을 거쳐야 한다. 한없이 펼쳐진 너른 평야가 정지용의 <향수>에 딱 들어맞는 지형이다.

넓은 벌 동쪽 끝으로 옛이야기 지줄대는 실개천이 휘돌아 나가고,
얼룩백이 황소가 해설피 금빛 게으른 울음을 우는 곳,
그곳이 차마 꿈엔들 잊힐 리야.
질화로에 재가 식어지면 비인 밭에 밤바람 소리 말을 달리고,
엷은 졸음에 겨운 늙으신 아버지가 짚 벼개를 돋아 고이시는 곳,
그곳이 차마 꿈엔들 잊힐 리야.

(하략)

우리네 시골 풍경과 무척 닮은 모습이다. 느닷없이 집 생각이 나
면서 식구들이 보고 싶어진다.

아니나 다를까, 여느 동네처럼 꼬마 스토커들이 졸졸 따라다니
기 시작한다. 내가 "사뜨라, 사뜨라" 하니까 머리통이 굵은 아이
가 알아듣고 "원 키로미터" 한다. 그러잖아도 심심하던 차에 발
걸음을 아이들 걸음에 보조를 맞추었더니 꼬마들이 신이나 한다.
가방에서 카메라를 꺼낼 때마다 찍어 달라고 안달이다. 나를 의
식하면서 서로 앞에 서려고 한다. 이런 시골 벽지를 다니다 보면
코흘리개 아이나 아랫도리를 벗은 사내아이는 한두 명 꼭 끼어
있기 마련이다. 그런 사내아이는 뒤로 가면 좋으련만 더 극성이
다. 부끄러움을 모르는 것은 순박한 탓이려니 한다.

어른들이라고 별 수 없다. 아기를 안고 나온 아낙네와 팔짱을 끼고 있는 어른들이 곳곳에 서 나를 구경하고 있었다. 그 중 한 아저씨가 날 보더니 잠깐 자기 집으로 가잔다. 따라서 뚝방을 내려가니 노랫말처럼 실개천이 돌아 나가고 있었다. 출렁다리를 건너 들꽃이 만발한 집 마당으로 들어섰다. 어디서 개들이 나타나서 동네 떠나가라고 짖어댄다. 아이들이 개를 쫓는 데 한몫을 한다. 어디를 가나 텃세를 부리는 개들 성화에는 아이들이 요긴한 존재다.

그는 이곳 고등학교 선생님인데 아직 등교 전이니 나와 잠깐 이야기를 나누고 싶다고 먼저 운을 뗀다. 바쁘다면서도 동네 자랑을 하느라고 시간 가는 줄 모른다. 시내에서 떨어지긴 해도 다른 곳보다 살기 좋다는 둥, 더킨꽛 사뜨라가 최고로 좋다는 둥, 종이를 꺼내서 동네 지명을 성의껏 써준다. 내온 짜이를 속히 마시고는 자리를 물리고 고맙다는 인사를 남기고 나왔다. 그때까지도 아이들은 안 가고 길에서 나를 맞는다.

아이들 말대로 1km 정도를 걸으니까 사뜨라가 보였다. 입구에 서 있는 사뜨라 기둥에는 사자가 아닌 코끼리가 떡하니 폼을 잡고 있다. 여기서도 한참을 들어가야 할 것 같다. 과연 5대 사찰이라 할 만큼 겉에서 보기에도 꽤 웅장해 보였다. '혼자 가다가는 또 길을 잃겠군.' 하는 생각이 잠깐 머리를 스친다. 신 나게 따라오던 아이들은 입구에 다다르니 뿔뿔이 흩어졌다.

끝없이 이어지는 들판과 뱀부 숲은 눈과 마음을 모두 앗아가는 풍경이다. 잠시 걸음을 쉬면서 자연과 소통을 해본다. 꾸미지 않은 그대로의 모습이 이렇게 평화로운데 어째서 사람들은 개발을 한답시고 자연을 깎아 먹을까.

듬직한 소의 등에는 물음표처럼 생긴 하얀 새가 까불대고 있다. 소는 그러든 말든 절그렁 절그렁 워낭소리를 내며 묵묵히 풀만 뜯고 있다. 마치 운보 김기창 화백의 <청산도(靑山圖)>를 보고 있는 듯하다. 흙벽으로 세운 농가 한 채가 멀리서 나를 지켜보고 있었다.

수줍음 타는 어린 왕자

아까부터 내 뒤를 밟는 두 명의 청년이 있었다. 할 일 없는 동네 사람이려니 했는데 그게 아니었다. 내 앞으로 와 잠시 머뭇거리더니 어디서 왔냐고 입을 뗀다. 수줍음이 얼굴에 가득하다. 마침 잘됐다 싶어,

"사뜨라 안내 좀 해줄래요?"

"그런데 마담! 슈즈를 벗어야 하는데요?"

사원이나 수도원이나 들어갈 때는 맨발이어야 되는 것쯤은 기본 상식이다. 서양인들이 가끔 유럽의 수도원으로 착각을 하고 신을 신은 채 들어간단다.

같이 경내에 들어가자 수도사들이 청년에게 나에 대해 묻기 바쁘다. 마음 놓고 발을 뗄 수가 없었다. 일일이 친절 미소를 띠우면서 대답을 해 주는 청년이 기특하다. 이름은 시만타(Simanta), 대학교 2학년이다. 이 청년을 안 만났으면 어쩔 뻔했을까. 보기에는 어린 티가 나서 고등학생인 줄 알았다. 같이 있는 청년은 단짝 친구인가 본데 눈치를 보아 하니 영어를 못하는 것 같다.

본당을 중심으로 커다란 연못이 양쪽으로 자리를 잡고 있다. 사원이 마치 호수 위에 떠 있는 것만 같다. 넙적한 연잎과 마음껏

벌어진 연꽃이 나그네 기분을 업(UP) 시킨다. 듬직한 예배소와 긴 기숙사가 드넓은 초원에 묻혀 오히려 왜소해 보였다. 그래서 주민들이 그곳을 꼭 보라고 했나 보다. 마다 않고 일일이 설명을 해주는 시만타에게 어떻게 보답을 해줘야 할지 궁리 중이다. 새벽부터 서둘러 나왔더니 시장기가 돈다. 그래서인지 평소와는 다르게 들르는 곳마다 짜이와 과자만 내오는 게 못마땅했다. 되돌아 나오면서 청년들한테 다바(Daba, 간이식당)를 안내하라고 했더니 이 동네에 없다고 한다. 그러고 보니 걸어오면서 보니까 식당은 보이지 않았던 것 같다. 시만타가 대뜸 자기 집으로 가자고 한다. 체면 불구하고 따라갔다. 허름한 시멘트 벽돌집에서 형제 셋과 부모가 살고 있었다. 권하는 의자에 앉아 있는데 시장기가 확 밀려온다. 어머니에게 다짜고짜 아침 식사를 해달라고 했다. 다급하니까 나그네 배짱이 나온 것이다. 안내를 해준 보답도 할 겸 돈을 조금 얹어줄까 생각하고 있었다.

절판(아쌈식 조반)

시만타가 들고 온 쟁반 위에는 쌀밥에 설탕과 *다히(Dahi)를 얹은 *절판(Jalpan)이 볼(Bowl, 그릇)에 수북이 담겨져 있었다. 나는 얼른 시만타 손에 돈을 쥐어 주었다. 오늘 애썼다는 말과 함께.

"이게 뭡니까?"

"너무 고마워서요."

"노우! 노우! 받을 수 없어요. 마줄리를 찾아온 방문객은 모두 우리들의 손님이지요."

그러더니,

"아쌈이즈(아쌈인)는 손님에게 차와 음식을 대접하는 것이 전통이에요."

이 청년의 당당한 말에 나도 모르게 콧등이 시큰해졌다. 딴에는 작은 성의라도 보이고 싶어 그랬던 건데 내 손만 부끄러워진 꼴이다. 그의 놀란 토끼 같은 눈빛이 아직도 내 눈에 선하다.

부리나케 걸어 버스 도착 시간에 맞춰 *벙가온 정거장으로 갔다. 학교 교문을 나선 아이들이 우르르 쏟아져 나오더니 일제히 나를 에워쌌다. 길 건너에 채소가게 상인들도 나를 바라보고 있었다. 행인들도 힐끔 쳐다보다 간다. 버스가 어서 왔으면….

아침에 헤어졌던 버스를 다시 만났다. 기사와 콘닥터가 무척 반가워한다. 그런데 승객이 만만찮다. 겨우 몸을 들이밀기는 했는데 더는 들어갈 수가 없을 지경으로 만원이었다. 버스는 콘닥터를 문짝에 매단 채 달리고 있었다. 멋쩍은 얼굴로 바라보던 승객들이 약속이나 한듯 조금씩 몸을 움직여 나를 안으로 들어가게 해주었다. 미안해서 얼굴을 폭 숙이고 있었다.

만감이 교차한다. 비록 가진 게 없지만 인정만은 넘치는 사람들이다. 나를 언제 봤다고 아니, 언제 또 보겠다고 그러는 걸까. 먼 나라에 와서 그동안 잊고 살았던 우리네 인심을 느낀다. 여행은 이렇게 흘러간 추억을 끄집어내어 고향의 정을 선사하고 있었다. 시만타를 비롯해서 모두가 나에게는 소중한 이웃이란 생각이 든다.

만약 이 글을 읽는 당신이 마줄리를 찾는다면 꼭 이곳을 걸어보라고 권하고 싶다. 결코 후회하지 않을 것이다. 여행자들에게 권하지 않고 나만 간직한다는 건 직무유기일 테니 말이다. 두 번째로 강추!

아쌈인의 자부심을 보인 청년, 시만타! 사진 보내줄게요.

---

* 다히(Dahi): 요구르트의 일종.
* 절판(Jalpan): 아쌈의 전통 아침밥.
* 벙가온 행 버스: 카밀라바리 시티, 출발 시간: 아침 7:00, 오후 1:30

베니스의 상인들

주민들의 발이 되어주던 뱀부 다리가 보이지 않았다. 물이 많이 불어 물속에 잠겨버린 것이다. 강폭이 20m도 채 안 되는 샛강이지만 이 다리가 없으면 '사라야' 동네에 들어갈 수가 없다. 굳이 가려면 오솔길을 한 바퀴 빙 돌아갈 수 있기는 하다만…. 지금으론 속수무책이다. 헤엄쳐 가거나 나룻배를 이용해야 한다. 야속하게 차오른 물에 여자들이나 노약자는 발만 동동 구를 수밖에 없었다. 배로 1분밖에 안 걸리는 지척에 있는 거리지만 이러지도 저러지도 못하는 주민들 심정은 애가 타 있었다. 이때 구원투수 '베니스의 상인'이 나타난 것이다. 어느 때나 약

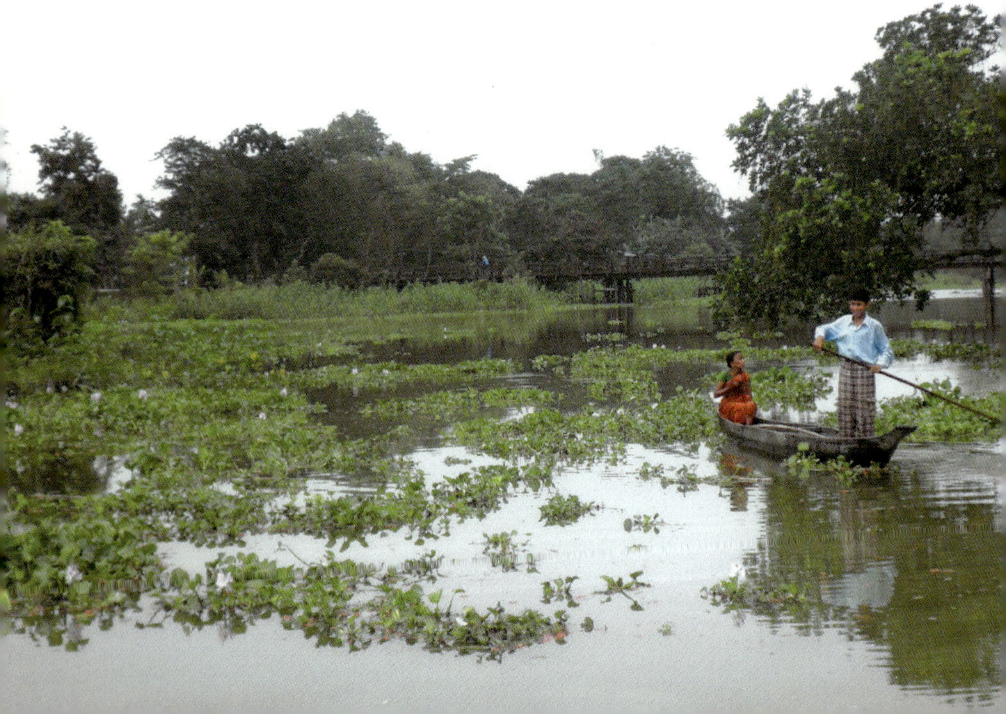

삭빠르게 기회를 잡는 사람은 있기 마련이니까. 돈을 받고 배로 사람을 실어 나르는 일을 시작한 동네 청년들이 바로 그들이다. 출퇴근하는 직장인이나 등하교하는 학생들, 누구든 몇 번을 들락날락하든 하루에 한 번만 돈을 내면 된다는 '내 맘대로' 규칙까지 있었다.

"한 푼도 없는 사람은 어떡하지요?"
"강제는 아니에요. 없는데 어쩌겠어요."
"건너는 사람이 한둘이 아닐 텐데, 수입 꽤 짭짤하겠네요."
돈 얘기를 꺼내자 저만치 멀어져 가버린다.

샛강에서 아낙네들과 아이들만 신 났다. 돌을 날라 둑을 만들고 급물살에 밀려오는 물고기를 잡겠다고 기염을 토하고 있었다. 노느니 반찬값이라도 벌겠단다. 그물을 여럿이 잡고 높이 올렸다가 휘익~ 던지고는 열심히 물속을 들여다본다. 물고기가 꼬이나 안 꼬이나 관찰하는 것이다. 아이들이 물살에 얼굴을 박고 있어 물에 빠질 듯 위태로워 보인다. 비가 퍼부은 뒤라 물고기들이 요리조리 몰려다니는 게 물 위에서도 반짝 비친다.

첨벙대는 아이들과 깔깔대는 아낙네들이 섞여 물가가 시끌벅적했다. 시끄러워서 왔던 고기도 도망가겠다. 그래도 아랑곳없다는 듯 여자아이들은 치마를 팬티 안으로 둘둘 말아 넣고 물 위를 휘젓고 다닌다. 옆구리에 끼고 있는 항아리가 꼭 요강처럼 생겼다.
세찬 물살 위로 파란 하늘과 뭉게구름이 마구 흔들린다. 노를 저어가는 뱃사공의 어깨가 덩실대고, 낚싯대를 걸어 놓은 강태공이 느긋하게 기다리고 있었으니, 한 폭의 풍경화였다. 나 역시도 뭐라도 하고 싶어 카메라를 만지작거리고 있었다.

이 와중에도 몇몇 아주머니들은 물에 잠긴 다리 위를 건너가고 있었다. 치마를 무릎까지 접어 올리고 슬리퍼를 손에 들었다. 뒤이어 바지를 걷어 붙치고 두 팔로 자전거를 번쩍 든 청년들이 따라가고 있었다. 정강이까지 차오른 물살에 엎어지면 어쩌나 하고 오히려 내가 불안했다. 하지만 평생을 강과 고락을 같이한 사람들이라 그런 것쯤이야, 걱정 같은 건 안 해도 될 것 같다. 돈 몇 푼 갖고 선주한테 아쉬운 소리를 하느니 스스로 물을 차고 나겠다는 의지다.

나는 이런 광경이 고기 잡는 광경보다 더 재미있다. 겁이 나서 물 가까이는 못 가고 조금 떨어져 있으니까 사람들이 나보고 흐르는 물에 발도 담그고 고기도 잡아 보란다. 마음이야 그러고 싶지만 내 평생 물 하고는 인연이 없다. 그냥 바라보기만 해도 즐거웠다.

개구쟁이들이 항아리에 들어 있는 잔챙이를 보여준다. 고작 몇 마리지만 좁은 항아리 안에서 팔딱팔딱 뛰고 있었다. 물살이 세서 그런지 생각보다 물고기는 많지 않은 듯하다.

저기 물 위를 걷고 있는 할머니를 공짜로 배를 태워주면 안 될까. 나이 든 분이 안돼 보이는데….

베니스의 상인(!)들에게 물어봤더니,
"할머니들이 돈을 안 내려고 그러는 거지요."
"얼만데 그래요?"
오토바이는 20루피(약 500원), 자전거는 10루피, 어른은 5루
피, 학생은 3루피. 이마저도 없는 사람들에게는 부담이 되는 가
격이다.
"경로우대 차원에서 할머니들은 봐주지 그래요?"
안 된단다. 지독한 사람들! 자기네가 무슨 *샤일록이라고!

한 청년이 들고 있는 비닐 봉투 속에는 지폐와 동전이 수북이 차
있었다. 돈을 걷어서 다 뭐 할 건데요? 풍경은 아름다운데 기분
은 씁쓸했다.

🐌_Photograph by Manash Jyoti Dutta,
in Assam INDIA

---

* 〈베니스의 상인(The Merchant of Venice)〉: 영국의 극작가 셰익스피어(1564~1616)의 5막 희극.
* 샤일록(Shylock) : 〈베니스의 상인〉에 나오는 고리대금업자.

아름다운 지킴이들

며칠 지나서 우연히 다시 그 자리를 가게 되었다. 그런데
출렁다리는 온 데 간 데 없다. 그동안 보수를 해놓았거니 했는데
다리 자체가 아예 안 보였다. 대신 그 옆으로 다리를 새로 놓고
있었다. 인부들이 나무를 부지런히 나르고 있었고 다리 밑에서
는 망치소리가 요란했다. 이마에 구슬땀이 송송 맺혀 있다. 공사
감독인 듯 보이는 남자가 이곳저곳을 둘러보고 있었다.

여전히 청년들은 돈을 받고 배는 사람과 물건을 실어 나르고 있
었다. 그런 장면을 보고 있으니까 청년들이 밉살스럽다. 나를 보
더니 반갑다고 손짓을 한다. 넙적한 나뭇잎 몇 개를 꺾더니 방석
까지 만들어준다. 거기에 앉으라고 살갑게 구는 게 나보고도 돈
을 내고 배를 타라는 꿍꿍이 속셈 같다. 뻔히 아는지라 마음 편
히 앉아 있을 수가 없었다. 퉁명스럽게,

"저 다리 어떻게 된 거예요?"

"보시다시피 다리를 새로 놓지요."

"보수를 해야 하는데 돈이 없어서 걱정이라고 하지 않았나요?"

그들은 얼마 전만 해도 매년 비가 오면 걱정이라면서, 마줄리가
갖고 있는 '빅 프러블럼(Big problem)'이라고 했다. 당국은 예산
이 없어 못해주고 피해는 고스란히 주민들에게 돌아간단다. 한

국에서 도와주면 안 되냐는 농담까지 오고갔었다.

지금 새로 놓는 다리는 사라야 주민들이 나서서 역할 분담을 했단다. 수중에 가진 돈이 없으니까 소매를 걷어 붙이고 몸으로 뛰고 있는 것이다. 주민들끼리는 그런 얘기가 늘 오고갔던 모양이다. 그렇다면 장사에 재미를 보고 있는 청년들은 뭐 하는 사람들일까. 단순히 돈을 목적으로 배를 대는 것 같지는 않은데….

"돈은 얼마나 걷혔어요?"

"그럭저럭 돼요. 아직도 두 배는 더 걷어야 해요."

"도대체 어디다 쓰려고 그러는데요?"

"사라야 주민들 중에 돈이 없어서 아픈데도 병원을 못 가는 사람들이 있거든요."

그 말을 들으니까 이제야 앞뒤 상황이 맞아 떨어지는 것 같다. 그래서 돈을 내고도 찡그리는 사람이 없었고 심지어 더 내는 사람도 있었던 것이다. 알고 보니 청년들은 '사라야 지역 살리기' 동아리 멤버들이었다. 이런 말을 들으니까 청년들이 기특하니 새삼 다시 보였다. 어깨를 토닥토닥 두들겨 주니까 입이 빵떡만 해진다.

'샤일록'이라는 악역을 맡아야만 했던 청년들의 사연이 이어진다. 원래는 뱃 삯을 모아서 다리를 놓을 계획이었단다. 그래서 한 푼이라도 더 걷으려고 악착을 떨었다. 할머니들만은 봐주라는 이방인의 조언도 무시할 정도로 돈 모으기에만 집중했다. 그런 와중에 주민들이 자진해서 다리를 만들어보겠다고 마음을 합쳤단다. 뱀부 가지로 상판을 짜고 교량에 오랜 경험을 가진 건설 감독까지 나서서 하니까 일이 일사천리로 진행이 되었던 것이다.

드디어 상판이 하나하나 이어지더니 다리의 모습이 제대로 드러나기 시작했다. 이런 장면들을 일일이 카메라에 담고 있으니까 감독이 자기를 찍어 달라고 다리 앞에 버티고 있다. 멤버 중 한 청년이 한쪽 눈을 찡긋 하더니 찍어 주라는 사인을 보낸다. 다리를 배경으로 허리에 양손을 얹고 서 있는 폼이 갓 군대 들어간 초년병 같다. 초년병치고는 무슨 배가 그렇게 나왔담. 초점을 맞추면서 웃음이 나오는 걸 참느라고 입술을 깨물었다.

개통식 팡파르는 울리지 않았지만, 모여 있는 사람들이 다리를 건너가는 것으로 식을 대신했다. 자꾸 나를 의식하는 게 축하주라도 내라는 눈치다. '안 그래도 내려고 했다, 했어'. 나뭇잎으로 방석을 만들어 앉으라고 할 때부터 내 알아봤다.

"잠깐만요. 일단 애쓴 사람들 기념사진부터 찍자고요."

축하주는 당연히 아뽕(Apong, 쌀막걸리). 돈을 주었더니 머리가 굵은 녀석이 냅다 자전거로 달린다. 어느 집에 술이 있는지 주민들끼리는 손금 들여다보듯 훤하게 꿰고 있다. 자전거 뒤에다 대고 마늘도 구워오라고 외쳤다. 알아듣고는 손을 흔든다. 새로 놓은 다리를 배경삼아 잎 방석에 퍼질러 앉아 한 잔씩 들이키는 맛이란…. 거기에 구운 마늘 한 점까지! 한참 한국에서 유행했던 가요 노랫말 '죽여줘요'다.

다리를 건너려는 사람들이 흘깃 쳐다보다가 싱긋 웃고는 지나간다. 내가 손짓으로 '깜(Come)! 한잔 하세요.' 하는데도 그냥 지나치는 걸 청년들이 팔을 잡고 컵을 건넨다.

"다리 이름이 뭐예요?"

"사라야 다리인데 다시 지을까 봐요."

"뭐라고 지을 건데요?"

"'코리안 다리'로요."

내가 뭘 했다고⋯. 농담으로 한 말이지만 괜히 콧등이 시큰해졌다. 지금까지 걷힌 돈이 4,000루피아란다. 우리 돈으로 치면 약 10만 원 정도. 한 사람당 10루피아 해도 400명은 족히 낸 게 된다. 변두리 동네에서는 결코 적은 액수가 아니다. 열흘 일한 게 이 정도이니, 목표인 만 루피아를 채우려면 앞으로도 한참을 수고해야겠다.

아뿡은 순식간에 바닥이 드러났다. 청년들이 잔을 들이킬 때마다 감회가 남다른지 다리를 바라보며 흡족한 미소를 지었다. 나만 꾹 참고 덜 마셨지, '부어라 마셔라, 소셜 클럽'이 따로 없었다. 그래, 언제 내가 이런 인심을 써 보겠나. 실컷 달려보는 거다. 오히려 내가 해줄 일이 있다는 게 다행이었다.

슬슬 청년들 눈꺼풀이 풀어지는 게 보인다. 긴장이 풀릴 만도 하다. 아니나 다를까 한두 명씩 그 자리에 큰 대(大) 자로 눕기 시작했다. 좀 있으니까 입을 맨홀 뚜껑만 하게 벌리고 드르렁 드르렁 코 고는 소리를 내고 있었다.

나중에 아는 수도사한테 들은 이야기이다. 동아리 멤버 중 한 청년은, 마줄리 섬에서는 유일하게 *NGO 자격증까지 갖고 있는 청년이란다. 어쩐지 영어가 유창하고 주민들에게도 당당해 보인다 했다.

NGO 청년과 그를 돕는 사람들

다리를 보니 먼저 다리보다 아주 높게 세워져서 어지간한 비에
도 물이 차는 일은 없겠다. '저 다리가 보통 다리인가, 주민들이
얼마나 뿌듯할까' 하며 감탄을 하고 있는데 감독이 오더니 사진
을 달라고 손을 내민다. 이 사람 우물가에 가서 숭늉 찾는 격이
다. 컴퓨터 작업이기 때문에 내가 집으로 돌아가면 사진을 보
내주마 했다. 그런데도 당장 해 달라고 조른다. 번화가로 나가
면 포토샵이 있다나. 나도 아는데 신종 카메라에 맞는 USB 케
이블이 없어서 안 된다고 설명을 해주는데도 못미더운 표정이
다. 그러잖아도 아까 청년들이 나에게 귀띔을 해 준 게 있다. 감
독은 이곳 주민이 아니란다. 사정을 알고 무보수로 일을 도와주
러 온 사람이라고 했다. 나름대로 추억을 남기고 싶은 마음은 십
분 이해가 가는데 당장은 어쩔 수 없는 노릇 아닌가. 몇 달만 기
다리세요.

숙소로 돌아갈 때 다시 한 번 출렁다리를 건너야 했다. 밑에는 여전히 졸졸졸 물살이 흘러간다. 밟을 때마다 뱀부 가지에서 나는 풀 냄새가 폴폴 올라왔다. 발바닥에 힘을 주면서 다리 끝까지 건너와, 되돌아서서 강 너머 마을을 내려다보았다. 섬에 있는 거라고는 자연뿐이지만 사람들은 그것을 잘 활용하고 있었다. 비록 가진 건 없지만 꼭 해야 하는 것을 아는 사람들이다. 마을 지킴이들이 있는 한, 마을이 발전하는 것은 시간문제겠지. 넘치는 물이 원동력이 되어 IT산업으로 발전하게 되는 것이 청년의 꿈일 것이다. 집에 컴퓨터가 생기면 제일 먼저 나에게 이메일로 인사를 하겠단다. 이러니 내가 어찌 그 도시를 사랑하지 않을 수 있겠는가! 가고 싶은 곳이 자꾸 늘어나서 고민이다.

---

* NGO: Non-goverment organization, 비정부 기구 민간단체.

Have a nice a day!

바자르와 둘도 없는 친구인 마차라의 큰아빠가 집으로 초대를 했다. 대체로 미싱 족들은 다른 부족에 비해 생활이 풍족한 편은 아니다. 집으로 불렀을 때는 섬에서는 그래도 성공한 축에 끼는, 웬만큼 산다 하는 사람들이다. 짐작한 대로 집을 찾아가는데 길목에 주소 팻말이 걸려 있는 부자 동네였다. 가르쳐준 번지가 눈에 띄었다. 시멘트 벽돌로 지어진, 정원이 딸린 널따란 2층 집이었다.

응접실로 안내되어 안주인이 권하는 의자에 앉아 있는데 무언가 눈에 거슬리는 것이 있었다. 한쪽 벽면에 걸려 있는 까무잡잡한 날개 두 쪽이 눈에 들어왔다. 벽걸이용 장식품인가.

짜이와 쿠키를 먹으면서도 내 눈은 자꾸만 벽을 향한다. 가족들이 새를 무척이나 좋아하나 보다.

독수리 날개 장식

그러니까 얼마 전 일이다. 한껏 기분이 부풀어서 강바람을 맞으며 강변을 걷고 있을 때다. 들판에 누군가 뱀부 가지를 꽂아 놓은 흔적이 보였다. 끝에는 새 날개와 다리가 걸려 있었다. 대체 이게 뭘까…. 깃털은 짧고 다리는 닭다리와 비슷했다. 뱀부 접시가 놓여 있는 걸 보니까 누가 일부러 해 놓은 게 틀림없다. 접시에는 바나나를 먹은 흔적이 남아 있었다. 강을 낀 한적한 너른 들판에 펄럭이는 새 털을 보니 순간 섬뜩해졌다. 기분이 영 좋지 않아서 오던 길을 되돌아갔던 일이 있었다.

숙제로 남아 있던 차에 날개를 보니까 궁금증이 일어 못 참겠다. 저걸 왜 걸어 놨을까. 그 쪽을 자꾸 쳐다보니까 부인이 뭔가 말해주려는 눈치다.

"독수리 날개예요. 멋있죠? 맘에 들어요?"

이거야 원, 애완용도 아닌 독수리를!

"무슨 뜻이 있나요?"

"독수리가 집에 있으면 좋다네요."

그러고 보니 우리나라도 한때 새 종류가 응접실 장식용으로 인기를 끈 적이 있었다. 박제된 꿩이나 천둥오리, 악어가죽이나 뱀 가죽을 좍~ 펴서는 걸어놓는. 우리 집 거실 벽에도 새가 걸려 있었는데, 그 새와 눈을 마주치는 순간, 겁이 나서 눈을 피했다. 엄마에게 기분이 나쁘니까 제발 좀 갖다 버리라고 하면, 돈이 아까우셨는지 "살아 있는 것 같지 않니?" 하시면서 슬쩍 넘어가셨다. 나중에 눈에 박힌 게 플라스틱 단추라는 걸 알고 휴~ 안도의 한숨을 쉬었던 기억들이 세삼 떠오른다.

해마다 초봄이 되면 미싱 족들이 모여 거창한 행사를 가진다. 일용할 양식을 준 대자연에 감사하는 흥겨운 마당 잔치다. 한 해 벼농사의 시작을 알린다는 의미도 있다. 이름하여 알아이리강 (All-aye-ligang) 축제. 그때 *뿌자(Pujar)를 지내는데 내가 들판에서 본 게 그 중 일부란다.

🦎 _뿌자

미씽 족은 조상 대대로 논과 밭을 일구고 사는 농부들이다. 그들에게 있어 새는 아주 귀한 영물로 취급된다. 씨앗을 물어다 주어 쌀농사를 짓게 만들고 들판을 풍성하게 해준다고 믿고 있다. 바나나는 새들의 먹이. 하늘에 바치려고 새의 부위를 걸어 놓은 것이다.

이래서 아쌈 주가 수많은 야생 조류의 이상적인 서식지가 된 걸까. 현재 국립보호구역으로 지정 돼 있다. 새 중에서도 '왕중왕' 격인 독수리는 용감하고 권력지향적인 뜻이 담겨 있어 정치에 뜻을 둔 사람이나 아들을 둔 집에서 선호하는 길조다.

다른 새도 아닌 몸집이 크고 거친 독수리를 어떻게 잡을까. 그 새를 잡으려다 되레 사람이 잡히는 건 아닌가 모르겠다. 독수리라는 놈은 새가 아니고 차라리 짐승이라고 하는 편이 낫다. 갓난아기도 물고 간다는 끔찍한 얘기를 들었던 터인데 전문 사냥꾼에게는 별것 아니란다.

"독수리 한 마리 값이 돼지 다섯 마리 값이에요."

"예에? 얼마라고요?"

"큰 놈일수록 비싼데 대략 천 루피에서 천 오백 루피까지 하지요."

기가 막혔다. 아무리 독수리라고 해도 이건 지나친 욕심이다. 천 루피면 대략 2만 5천 원 정도인데, 참고로 이곳의 서민 한 달 생계비가 2천 루피다.

"다른 어떤 새보다 맛이 좋아요."

게다가 먹기까지 한다고 한다. 단백질 섭취로는 그만이라고 흐뭇해하는 표정이다. 그러니까 건강 생각해서, 가족들 잘되게 해 달라고 아주 비싼 부적을 벽에 걸어 놓은 것이다.

자연에 기대어 사는 사람들에게 있어 자연은 곧 생존이다. 축제를 열고 한 해의 소원을 비는 것은 당연하다. 하지만, 조류 서식지로 유명한 아쌈에서 사냥이 공공연하게 이루어지고 있다는 것은 아이러니가 아닐 수 없다. 들판이나 숲 속에서 경고 표지판 하나 본 일이 없다.

"너무 많아 귀찮아요. 당국에서 제발 좀 잡아 줬으면 좋겠어요."

행복한 투정의 말이 돌아온다.

마차라 청년하고는 바자브네에서 식사 한 번 하고 축제 때 같이 있었던 게 전부다. 훗날 들은 이야기인데 나한테 꼭 한 번 대접을 하고 싶었단다. 집으로 초대 할 형편은 안 되고 아마 큰아빠를 조른 모양이다. 덕분에 집안의 풍습을 볼 기회가 생겨서 여행의 참맛을 느꼈다고나 할까.

---

* 뿌자(Pujar): 의식이나 제사를 말한다.

_바나나 껍질 우산

5. 숨겨진 아빠 이야기

코리안 2세

많은 사람들이 여행의 묘미 가운데 하나로 낯선 장소에서 사람 만나는 재미를 꼽는다. 풍경이야 하루 이틀 지나면 다 그게 그거 일테지만 사람이야말로 최대의 흥밋거리라고 할 수 있다.

선착장에서 시내로 들어가자면 가장 먼저 만나는 마을이 있다. 강줄기를 따라 길게 늘어서 있는 전통 뱀부(Bamboo, 대나무) 가옥촌이다. 자로 잰 듯 닮은꼴의 집들이 오밀조밀 모여 있다. 관광지에나 있을 방갈로들이 군락을 이루고 있는 곳이다. 돈(Don) 강을 한눈에 안고 있는 미싱족(Mising tribes)의 삶의 터전인 다팍 가온(Dhapak gaon) 동네다.

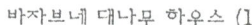

본래 그곳의 수상가옥은 강 한가운데 네 기둥을 박고 두둥실 떠 있었다고 한다. 집으로 들어가려면 뱀부 출렁다리를 밟고 가거나 쪽배를 타야 했단다. 그런데 십여 년 전, 대홍수 때 세찬 물살로 많은 집채들이 둥둥 떠다니다가 지금의 자리인 뭍으로 밀려왔다는 것이다. 미싱족의 보금자리이자 재산인 뱀부 가옥은, 그 자체만으로도 이방인들에게 궁금증을 불러일으킨다.

지병처럼 넘치는 호기심을 주체 못하는 나는 이곳을 둘러 볼 요량으로 강변을 따라 터덜터덜 걸어가고 있는 중이었다. 여기라고 예외가 있을까? 이방인이 나타났다고 어른 아이 할 것 없이 집 밖으로 나와 나를 유심히 쳐다보고 있었다. 심지어 저 멀리서도 팔짱을 끼고 나를 지켜보는 것이었다. 다른 곳처럼 순식간에 입소문이 펴졌나 보다.
이때 자전거를 타고 가다 내 옆으로 바투 따라붙는 청년이 있었다. 얼굴에서 청국장 냄새가 나는 청년이다. 평균치보다 키가 큰데다 영어도 제법이다. 물어 보는 게 자신 있어 보인다. 이 청년도 역시나, 나를 보더니 대뜸 자기 집으로 가자고 한다. 마치 전부터 나를 아는 것처럼. 어디냐고 물으니까, 요 너머란다. 이들의 '요 너어'는 적어도 1km는 족히 되는 거리다.

나 때문에 자전거를 끌고 가는 청년을 무작정 따라가기로 했다. 대책이 없는 나의 용감성에 속으로 혀를 끌끌 차면서.
길에 서성대는 여인네들과 남정네들이 청년에게 뭐라 물어보는 것 같다. 여느 동네처럼 그들의 눈빛은 호기심으로 잔뜩 차 있었다.

"뭐라고 하는 거예요?"

"자기네 집으로 들어오라고 하네요."

"그럼 한 집씩 다 들르죠~."

"하하하! 천 가구가 넘는 걸요."

🦎 _바자브(회색 티셔츠)와 친구들

이름은 바자브(Bajab). 지금은 백수지만 은행에 취직하려고 준
비 중이란다. 아직도 이곳은 은행을 평생직장으로 꼽고 있다. 어
려운 살림에 대학까지 마쳤지만 소위 '신의 직장'이라고 불리는
회사는 들어가기가 쉽지 않단다.

"연봉이 높아요?"

"그보다 정년이 없거든요."

내 표정을 보더니 말을 덧붙인다.

"그래 봤자, 60세가 넘으면 다니고 싶어도 못 다녀요. 기력이 달
리고 기억력이 떨어져서요."

"한국처럼 명퇴가 없어서 좋겠어요."

"회시 시스템도 바뀌지 않을까요? 여기도 갈수록 평균 수명이 늘어나는 추세니까요"

고령화로 생기는 사회적 이슈가 여기라고 예외는 아니었다. 그러나 정년이 없다는 제도에는 부럽다는 말 외에는 할 말이 없었다.

주민들이 앞을 가로막는 바람에 우리들의 걸음걸이는 걸어가다 끊기곤 했다. 앞마당에 나와 구경을 하던 할머니가 손짓을 하면서 오라고 성화다. 바자브가 양해를 구하는데도 막무가내다. 잠깐 인사만 하고 가잔다. 할머니들이 나를 보자마자 이마에다 뽀뽀 세례를 퍼붓는다. 다시 팔에다가도. 반갑다는 표시다.

"외국인이 동네에 들어온 것은 처음이거든요."

"서양 사람들도 있잖아요."

"그들은 유명지만 보고 떠나지 마담처럼 동네 안으로 들어오지는 않아요."

구경을 하러 온 내가 되레 구경거리가 된 셈이다.

이때 바자브와 닮은 나이 든 아줌마를 만났다. 한눈에 어머니라는 걸 알 수 있었다. 모자가 붕어빵이다. 우리 셋이 나란히 서 있으면 한국의 산간벽지에서 만난 주민이라고 해도 믿을 거다. "'조상이 한국인 아녜요?" 하고 묻고 싶을 정도다.

대나무 펜션

바자브네 집 안으로 들어서니 한눈에도 어려운 살림이라는 게 보였다. 옷걸이랑 알루미늄 박스가 놓여 있는 걸 보면 너무 소박하다 못해 빈곤한 느낌을 지울 수가 없다.

내가 여기저기 두리번거리면서 서 있으니까 어머니가 어서 앉으라고 한다. 바닥을 디디자 삐꺽대는 소리에 주춤하는 나를 보고 가족들이 재미있다는 표정을 짓는다. 앉아 있는데 영 편치가 않다. 엉덩이가 배기는데다 당장이라도 바닥 이음새가 벌어질까 좌불안석(坐不安席)이었다. 엮은 틈새로 강물이 흘러가는 게 보일 듯 말 듯 한다. 마치 배에 앉아 있는 것처럼 붕 떠 있는 기분이었다. 묻지도 않고 일어나 침대에 앉았다. 영문을 모르는 그들은 잠자코 바라보고만 있다.

바자브네 2층집

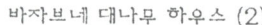
india

뱀부 하우스는 반 2층 구조로, 사다리를 밟고 올라가 허리를 굽히고 들어가야만 한다. 문턱이 낮기 때문이다. 1층은 온전히 가축에게만 내어 주는 집도 있다. 농기구를 놓아두고 여인들의 손작업인 핸드룸(Handloom, 천 짜는 기계) 돌리는 장소로도 쓰인다. 여름에는 무척 시원하지만 가을에는 서늘하다. 얼기설기 엮어진 구조 때문에 어디나 틈새가 조금씩은 벌어지게 마련이다. 시원하긴 한데 기온이 내려가면 덩달아 뱀부 온도도 떨어진다. 바람이라도 불면 추위가 배가 된다. 바늘구멍에서 황소바람 들어온다 했던가. 귀를 기울이지 않아도 옆집에서 나는 소리가 고스란히 들릴 정도로 무늬만 벽이다.

방문이 따로 있는 것도 아니고 사람이 들어갈 만큼의 공간만 비워 놓으면 그게 문이다. 방을 지나면 곧바로 거실 겸 부엌이 나온다. 집에서 제일 넓은 공간이다. 낯설은 것은 불 때는 아궁이에 굴뚝이 천장을 뚫고 나가게끔 만들어져 있다는 것이다.

펌프로 설거지도 하고 빨래도 할 수 있는 다용도실도 있다. 부엌 옆에 딸린 바깥이다. 일을 하다 잠시 얼굴을 들면 늪지와 전원 풍경이 눈앞에 펼쳐지는 사방이 탁 트인 공간이다. 바닥으로 물을 버리면 강물로 떨어지게 되어있는 자연 구조다. 모양새로만 보자면 벽난로가 없는 게 아쉬울 뿐이다. 아궁이도 있겠다 서늘한 날 장작불에 고구마라도 구워 먹으면 이보다 더한 낭만도 없을 터.

_대나무집의 모습

뱀부 하우스의 기본 구조이며, 오직 수작업으로만 만들어진다. 전체 외형은 유럽의 농가 가옥을 연상하면 된다. 대나무를 통째로 사용하고 몇 개의 기둥을 틀로 삼아 판자 외벽을 두른 다음 바닥을 깔면 집의 형태가 나온다. 여기다 천장을 슬레이트로 올린 다음 마른 잎으로 덮으면 이것이 곧 지붕이다. 벽이나 바닥을 보면 이음의 형태가 장인의 솜씨로 보이는 멋진 무늬도 있다. 가지를 가늘게 잘라 매듭 엮듯이 해 놓은 걸 보면 격자무늬와 우물 정(井)자 무늬, 마름모와 한 일(一) 자 무늬, 삼각형 모양까지 다양하다. 개중에는 꼼꼼한 한옥 창살문 무늬도 있다.

_슬레이트 지붕과 벽

섬 전체가 뱀부 숲이라 할 정도로 원자재를 구하는 데는 어려움이 없다. 수십 년에서 100여 년이 된 대나무의 크고 작은 가지로 집 말고도 가재도구, 여자들의 장신구까지, 심지어는 쪽배까지 만들어낸다. 재료가 훌륭하니까 사람의 손만 거치면 작품이 된다. 망치나 톱 같은 연장은 집집이 돌아가면서 사용하면 되고 어떻게 짓든 사람의 손과 땀을 거쳐야 한다. 공장에서 찍어낸 기성품을 사서 쓰는 일은 없다.

집 규모가 갖춰지기까지는 대략 3개월 정도 시일이 걸리는데 남자 둘이서 여기에만 매달려야 한다. 어느 집이나 부지런만 떨면 집 한 채는 건질 수 있다. 언제고 방이 더 필요하다 싶으면 기둥을 박고 늘리면 된다. 이래서 완성된 대나무 집은 재산 1호로 명부상에도 개인 소유로 올라간다. 가족들의 솜씨가 반짝이는 집짓기 놀이다. 놀이치고는 큰 공사지만.

단단하고 질긴 대신 5년이 지나면 지붕이나 벽의 부품(!)을 갈아 줘야 하는 번거로움도 따른다. 대나무는 서민 경제에는 없어서는 안 되는 효자 물건이다.

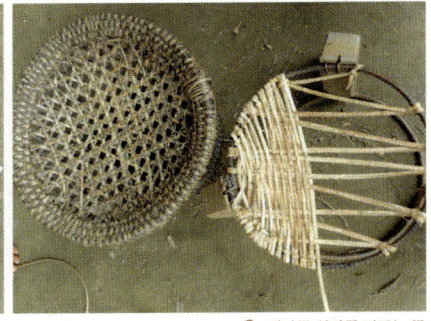

대나무 의자를 만드는 중

그러나 집짓기도 세상만사를 말해주고 있었다. 젊은 백수들이 낮잠은 자도 일을 하려고 들지를 않는다. 어깨가 구부정한 노인들만 마당에서 가지를 엮고 있는 풍경은 일상이 된 지 오래다. 할 수 없이 남이 해 놓은 재료를 사고 사람이 달리면 인부도 산다. 지붕에 쓸 잎사귀는 1kg에 120루피(약 3,000원), 원통형 대나무는 35루피. 방 3개에 부엌, 화장실까지 두루 갖추려면 우리 돈으로 대략 20만 원이 든다. 서민 한 달 생활비가 4~5만 원 선이니까 그런 목돈은 서민들 가계 형편으로는 결코 쉬운 게 아니다.

"바자브? 이 집은 누가 만든 거예요?"

"제가 일 년에 걸쳐 만들었어요."

방 세 개에 부엌 하나, 15평은 족히 넘을 것 같다.

"아버지는 허리가 안 좋으셔서 일을 못하고 누나나 어머니는 저보다 더 할 줄 몰라요."

이 집은 아들이 살림 밑천인 셈이다. 차차 창고도 짓겠다는 소박한 포부를 자신만만하게 드러냈다.

섬에는 아주 오래된 가옥부터 최근에 지은 것까지 뱀부 하우스만 5천 채가 넘는다. 현재 주민의 반 이상이 사용하는 주택이다. 흙과 나무가 어우러져 하나가 되는 집은 강과 들판이 펼쳐진 풍광 속에서 되레 자연스럽다고나 할까. 투박스럽지만 소탈한 건축미는 섬의 자랑거리 중 하나다. 바자브 같은 건축가(!)가 있는 한.

나그네가 잠시 머물다 가기에는 그만인 집이다. 더위가 기승을 부릴 한낮에 출렁다리를 딛고 안으로 들어가 보시길. 뱀부 특유의 내음이 솔솔 풍겨 나오는 게 바이오 공기를 마시는 느낌일 것이다.

신붓감 소개할게요

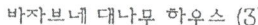

한참 지나도 짜이(Tea) 한 잔 나올 기미가 안 보인다. 아이들은 내가 앉아 있는 틈 사이를 왔다 갔다 하며 부산을 떨고 있다. 어른들의 수다까지 섞여 방 안이 산만하기 그지없다. 슬슬 짜증이 나기 시작한다. 나갈까 하는 찰나, 부엌 쪽에서 차 향기가 솔솔 풍기더니 그제야 짜이 한 잔이 나왔다. 이것도 나에게만.

어려운 살림에 어디서 차(Tea)를 구해온 듯하다. 여러 입들이 보인다. 미안한 마음에 짜이가 목에 걸려 쉽게 내려가질 않는다. 이때 갑자기 시장기가 돌더니 퍼뜩 아이디어가 떠오르는 것이었다.

"바자브! 돼지고기나 치킨 요리 중 어떤 것을 잘해요?"

"돼지고기요."

"어머니 닮아서 바자브도 요리 잘하겠네요?"

어머니 솜씨를 내가 어떻게 알겠냐만, 붙임성 있는 내 말에 솜씨는 아들이 더 있다고 자랑이다. 그러면 됐다. 얼른 돈을 꺼내 주었다.

삽시에 부엌이 분주해지기 시작했다. 어머니가 아이들은 나가

놀라고 하니까 이웃 어른들도 서서히 일어나려는 눈치다. 네 집 내 집 구분이 없는 이웃사촌이라도 음식 앞에서는 자리를 피해주는 게 예의다. 바자브는 일단 전화부터 건다. 아침 시장이 문을 닫은 뒤라 고기가 있나 알아보려는 확인 전화다. 그러더니 잽싸게 나간다. 그 사이 어머니는 쌀을 씻어 놓고 불을 지핀다.

조금 있으니까 나갔던 바자브가 미소를 띠며 들어온다. 잠시 숨을 고르더니 요리준비에 들어간다. 속히 신문지를 풀고 고깃 덩어리를 씻은 다음, 도마 위에 올려놓고는 콩콩 다지고 있다. 들썩거리는 바닥 위에서 칼 소리가 요란하다. 마늘을 까고 있는 어머니에게 그건 내가 하마 해도 그냥 앉아 있으란다. 바자브는 양파 때문에, 어머니는 마늘 때문에 찔끔 나오는 눈물을 닦아낸다.

나는 잠자코 옆에서 지켜만 보고 있었다. 드라마 '대장금'에 나오는 수라간 상궁이 된 기분이었다. 그럼, 어디 제대로 하고 있나 볼까. 내가 집에서 늘 하는 일이라도 먼 나라에 와서 현지인이 하는 걸 보니까 새롭다.

아궁이 불에서 밥이 다 된 냄비를 끌어낸 다음에는 프라이팬을 올려놓고 양파와 고기를 볶기 시작한다. 살짝 볶다가 마늘과 고춧가루를 집어넣는다. 내가 해먹는 고기볶음과 별반 다르지 않았다. 굳이 수라간 상궁이 필요 없었다. 냄새가 식욕을 당긴다. 배꼽시계가 안달이다.

음… 별미에는 팁이 필요하지 않을까. 좋은 안주거리가 있는데 구렁이 담 넘듯 슬쩍 넘어갈 수는 없는 일이다. 모른 척 하는 건 나 자신에게 허락할 수 없다. 즉석에서 아뽕(Apong, 막걸리)을 주문했다. 일명, 라이스 비어(Rice beer). 아쌈이 아니면 볼 수 없는 것. 우리와 똑같은 쌀막걸리다.

바자브 얼굴에서 순간 웃음꽃이 피더니 하던 일을 중단하고 다시 후다닥 나갔다 들어온다. 어느새 손에는 막걸리 주전자가 들려 있었다. 안 시켰으면 어쩔까.

섬 주민이라고 다 아뽕을 마시지는 않는다. 쌀농사를 짓는 미싱(Mising) 족들의 전통 술 문화를 알고 있기에 주문을 한 것이다.

부리나케 주전자에 들어 있는 술 지게미를 두어 번 채반에 거르더니 먼저 나에게 한 잔 따라 주면서 맛을 보란다. 어머니 먼저 드시라고 해도 한사코 손님 먼저라고 한다. 집집마다 손맛이 다르듯 술맛도 다르다. 신맛과 단맛의 차이라 할까. 텁텁한 맛이 입안에 불을 당긴다.

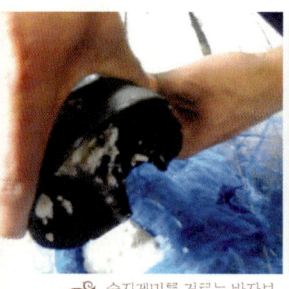

_술지게미를 거르는 바자브

자, 건배부터 하고 짠! 짠! 다 같이 유리컵이 깨질 정도로 부딪치고는 벌컥 벌컥 들이켰다. 그런 다음 고기 한 점을 입에 쏙 넣었다. 얼마 만에 먹어보는 고기인지 기억 속에서도 가물가물하다. 진득한 마늘 양념이 사르르 배어 있어 자연스레 입속을 녹여준다. 졸깃졸깃한 감칠맛이 지나면 걸쭉한 막걸리가 부드럽게 목을 축여 주었다.

바자브가 고기 맛이 어떠냐고 물어본다.
"최고의 셰프(Chef) 맛이지. 한국인의 까다로운 입맛을 무난히 통과 한 것을 보면."
날 물끄러미 보던 바자브가 자기 그릇에 있는 고기를 덜어준다. 생전 구경을 못해본 것처럼 허겁지겁 먹다 셰프한테 들켰으니, 체면이 말이 아니다.
주(酒)님 하면 나도 누구한테 지는 편이 아니지만 모자지간도 만만찮았다. 곧 주전자 속은 바닥이 났다. 빙 둘러앉아 있으니까 가족들끼리 펜션에 놀러와 있는 느낌이 든다. 적은 돈에 몇 사람 입이 호강을 했다.

바자브, 지켜볼수록 괜찮은 청년이다. 집 짓는 손재주에다 음식 솜씨까지 갖춘 걸 보면. 한국인이었다면 아이들 말대로 인기 '캡! 짱!'이었을 테다. 요즘 한국에서는 싱글남 결혼 조건에서 셰프가 1위를 달리고 있단다. 내가 중매 한번 서 볼까 한다. 그보다 어서 은행에 취직부터 하라고요.

여러모로 우리와 닮아 있었다. 이런 사람들이 없었더라면 여행이 무척 쓸쓸했을 터. 과연 세상에서 삶보다 더 생생하고 흥밋거리가 있는 게 뭘까 생각해 본다.

낮술

카말라바리 초입 한쪽에 시장이 있다. 찌는 더위 때문에 장이 서는 시각은 탄력적이다. 특히 생선과 육류는 신선도 때문에 시간 배정을 잘해야 한다. 아침 일찍 열었다가 얼마 후에 일단 닫는다. 그러다 다시 오후에 잠깐 열기도 한다. 오후 장은 주로 떨이로 막을 내린다.

🐟_소매상에게 생선 파는 모습

시장 최고의 명당자리를 꿰차고 있는 닭 가게가 있다. 상호는 주인 성을 따 '칸트로'.

_칸트로 씨네 닭 가게, 닭 가게 상표

주인은 매일같이 여섯 시면 가게 문을 연다. 그러다 여덟 시경이
되면 일단 문을 닫고 집에 가서 아침을 먹고 잠시 쉰다. 그런 다
음 막내인 아들 녀석을 유치원까지 오토바이로 데려다 주는 일
이 그의 오전 스케줄이다. 늘그막하게 아들을 하나 얻었다. 내
얼굴을 몇 번 봤다고 나만 보면 그 아들 때문에 일할 맛이 난다
고 자랑이다. 보아 하니 아침 일이 끝나면 딱히 하는 일이 없는
것 같다.

_짜이 아저씨

칸트로 가게 옆에는 짜이 포장마차가 서 있다. 옆에서 짜이를 마시면서 아저씨랑 이런저런 애기 중에 칸트로 씨 애기가 나온 적이 있다(두 남자는 막역한 친구 사이다). 부인의 아뿅 솜씨는 알아준다고 칭찬을 늘어놓는다. 귀가 번쩍 뜨이지 않을 수 없다. 그럼 그 맛 좀 보게 해달라고 부탁을 하고 그로부터 며칠이 지난 후였다. 길 가다 만났는데도 딱히 별말이 없었다. 말을 하긴 했나?

며칠이 지나 다시 포장마차 앞을 지나가는데 아저씨가 나를 부른다. 친구한테 말을 해 놓았으니까 얼른 닭 가게로 가보란다.

칸트로가 모는 오토바이 뒤에 올라탔다. 그의 집은 가게에서 그리 멀지 않은, 수상가옥촌에 있는 뱀부 하우스였다. 강변을 끼고 이어진 하우스촌은 아주 오래전부터 *미싱 족(Mising tribes)의 터전이다. 다른 부족은 발을 붙일 수 없을 정도로 텃새가 심한 곳이다. 섬에서 인구가 제일 많은 미싱 족이 사는 마을이다.

집에 들어서니 차분하게 생긴 여인이 살짝 미소를 보낸다. 칸트로씨의 부인이다. 멋쩍게 서 있는 내 앞으로 아이가 하나둘 모여들었다. 이웃집 아이들이 들락날락 하는 걸 익히 아는 터라 그러려니 했다. 그런데 이웃 아이들이 원정 온 게 아닌 것 같았다. 보아하니 같은 또래로는 안 보였다.

칸트로씨 부인과 아들

이때 칸트로 씨가 아이들 보고 서 있지만 말고 손님에게 인사를 하란다. 다른 아이들도 연거푸 불러내는 눈치다. 인사를 제대로 시키려는 걸 보니 자식들인가 보다.

먼저 큰 애가 나오고 그 다음엔 다른 아이, 그 다음엔…. 돈을 차례로 주다가 네 번째에 멈췄다. 도대체 자식들이 몇 명이나 되는 걸까. 넷째 아이가 셋째 뒤에 서 있다. 누구는 주고 누구는 안 줄 수가 없어서 마지막은 누구냐고 물었더니 아들아이를 가리킨다. 내 눈이 더 커졌는지 부부가 멋쩍은 듯 씩 웃고 있다. 막내 때문에 일할 맛이 난다는 그 녀석이었던 것이다. 돈을 주려고 하니까 몸을 뒤로 빼면서 앙~ 하고 운다. 아빠 엄마가 괜찮다고 달래는 데도 그쳤다가 다시 울기 시작한다. 엄마 옆에 껌딱지처럼 꼭 붙어 있다. 유난히 낯을 가린다.

딸 넷, 아들 하나. 이럴 줄 알았으면 처음부터 돈을 주는 게 아닌데…. 얼른 잔머리를 굴려서 얕은 계산을 해 본다. 막걸리 값이 꽤 나가겠는 걸.

밀가루를 살짝 입혀서 튀겨 낸 송사리 튀김이 접시에 가지런히 놓여 있다. 요리를 어떻게 했는지 비린내가 전혀 안 난다. 안주하기엔 제대로 맞춤이다. 내가 온다는 걸 알고 미리 준비해 놓은 듯하다. 입안에서 벌써부터 침이 고인다. 와~ 하고 감탄을 한 다음, 이거 어디서 잡았냐고 물었더니 아버님이 저 멀리 강가에 나가서 그물로 잡았단다. 두말할 것도 없이 두 개를 날름 집어 한 입에 넣었다. 그런데 다들 나를 쳐다본다. 혹시 내가 못 먹을 걸 먹었나? 무안해서 어쩔 줄을 모르겠다. 왜 그러냐고 물었더니 그제야 빙그레 웃고는,

"아뿅 마시기 전에 생선을 먹으면 술맛이 달아나거든요."

양재기에 가득 술이 담겨져 있는 게 보였다. 부인이 아궁이 위 선반에서 질그릇 항아리를 내리더니 그 속에다 다시 술을 붓는다. 밑바닥에 가라앉은 지게미를 따로 걸러내는 과정이다. 다시 손으로 조물조물 하면서 망사채반에다 받쳐낸다. 이런 과정을 세 번 정도 해줘야 제 맛이 난다고 한다.

며칠 전 바자브 청년 집에서 한 번 봤던 터라 잠자코 지켜보고 있는데 걸러내기도 전에 나한테 먼저 한 컵을 따라 준다. 의아한 눈으로 바라보니까,

"마담이 배고픈 것 같아서요. 조금 전 보니까 생선을….."

배가 고팠던 것이 아니라 평소 습관대로 안주만 먼저 집어 먹었을 뿐인데…. 그런데, 술 지게미까지 들고 올 게 뭐람. 어차피 다시 걸러내야 하는데 번거롭게 말이다. 걸러낸 걸 들고 오면 편하지 않겠나 싶어서 물어봤더니, 냉장고가 없기 때문에 마시기 전까진 건드리질 않는단다. 성가시더라도 마실 만큼만 따라 내온다는 것이다. 그런 것도 모르고 나는 한국에 마트나 식당에 가면 뚜껑만 슥 비틀면 되는 즉석 '라이스 비어'만 생각하고 있었

던 것이다.

몇 번씩 걸러내는 과정에서 술맛도 완전히 달라진다. 싱거운 맛에서 텁텁한 맛으로, 묽은 색에서 진한 우윳빛으로. 최고의 명품 맛은 거름의 비결에 있었다. 아뽕에 대해 뭣 좀 안다고 난척했던 내가 이들 나름의 주류 레시피(Recipe, 요리법)에 두 손을 들고 말았다.

"라두(Ladu, 누룩)도 직접 만드세요?"

"시장에도 파는 게 있는데 우리 집은 시어른께서 만드세요. 파는 것보다 한 번 더 볶아내거든요."

_누룩

문간에 바구니에 담겨져 있는 계란만 한 흰 알이 뭔가 했더니 누룩이었다. 밀 껍질을 갈아 말린 게 누룩이다. 막걸리는 누룩에서 무르 익는 법, 어쩐지 술맛이 구수하다 했다. 막걸리의 지존(!)을 몰라봤던 것이다. 남편 친구들이 인정해 줄 만하다.

저녁 시간이라면 다리 뻗고 몇 잔이고 들이킬 텐데, 아쉽다! 부인과는 처음 만나는 자리인데다 저녁 시간도 아니고 해서 아쉽지만 사양을 하고 자리에서 일어났다. 계단을 내려가 샌들을 신는데 부인이 내 손에 뭘 쥐어 준다. 꾹 참고 남긴 수밖에 없었던 아뿅이었다. 이런, 고마울 때가! 안 그래도 밤은 길고 할 일이라고는 일기 쓰는 것 외에는 없던 차에 잘됐다. 실은 그동안 술 생각이 난 게 한두 번이 아니었다. 어디서 사오나 찾던 중이었다. 궁하면 통한다 했던가. 긴 밤을 함께할 '별밤친구'가 생겼다.

순간 미안해서 얼굴을 못 들겠다. 내가 좋아하는 물건을 받았으니 어떤 것보다 최고의 선물이다. 그런데도 그들에게 해 줄 거라고는 아무것도 없었다. 나가는 내 뒤에 대고는 저녁 때 또 오라고 한다. 걸어가고 있는데 다시 한 번 내 안에서 얌체 같은 소갈머리가 고개를 든다. '이왕 싸서 주는 거, 남은 안주도 싸주지.' 송사리 튀김 맛이 입에서 맴돈다.

배도 든든하겠다 페트병을 보고 있자니 부자가 된 느낌이다. 막걸리 속에는 그들의 순박한 인심이 녹아 있었다. 술에 취한 건지 정에 취한 건지 하늘 아래로 나오니 기분이 째진다.

* 미싱족(Mising trobes): 약 1,000여 가구, 전체의 35%.

india

우리 한잔해요

일전에 칸트로 집에서 부인이 싸준 아뽕(쌀막걸리)은 다음날로 끝내버렸다. 발효 술이라는 게 시간이 지날수록 맛이 변하는 특성이 있는 지라 제때 비우지 않으면 못 먹게 된다.

일명 '술빨'이 며칠은 가더니 시간이 지나니 사라졌다. 저녁이면 생각이 나는 게 다시 그 집에 가고 싶어졌다. 부인이 저녁 때 꼭 오라고 했다. 그냥 인사치레로 해본 말인가. 몇 번을 망설이다가 아침 일찍 닭 가게를 찾아갔다. 마침 칸트로 씨가 안에 있었다.

"오래간만에 오셨네요. 제 집에 놀러 오세요."

"가도 돼요?"

"집사람이 기다리고 있어요."

야호!

어스름하게 땅거미가 깔릴 즈음 숙소를 나섰다. 거리 유랑자 염소나 소도 제 집으로 돌아갔는지 길거리가 한산한 편이다. 석양에 비친 그림자가 길게 늘어져 나를 따라가고 있었다. 강이 굽이를 돌 때마다 마을도 굽어 있다. 강변에 줄줄이 이어진 뱀부 하우스가 졸듯이 엎드려져 있었다. 하루 종일 사람들 등쌀에 시달린 듯하다. 해가 꼴깍 넘어가는가 싶더니 이내 노을이 온 마을을 적신다. 하우스가 물살에 붉게 출렁이고 있었으니, 풍

경에 취해 자연스레 발걸음도 느려졌다. 이럴 때 빨리 걷는 사
람도 있을까.

강나루 건너서 밀밭 길을
구름에 달 가듯이 가는 나그네.

길은 외줄기 남도 삼백 리
술 익는 마을 마다 타는 저녁놀
구름에 달 가듯이 가는 나그네.
〈나그네〉, 박목월

석양에 막걸리(아뿅)라… '기대 만땅'이다!

집 찾는 데는 그리 오래 걸리지 않았다. 안으로 들어서니까 막내 아들 녀석이 쪼르르 나와 나를 맞이한다. 두 번째 본다고 낯도 안 가리고 울지도 않는다.

'내가 너 때문에 첫날은 얼마나 당황스러웠는지 아니?'

아이들이 다섯이라 과자만 듬뿍 사갖고 갔는데 시어른이 앉아 계실 줄은 몰랐다. 이럴 줄 알았으면 태극부채라도 들고 올 걸. 부인이 내 손을 잡더니 반색을 한다. 아이들이 우르르 방에서 나와 내 앞에서 진을 친다. 이제는 첫째부터 막내까지 제대로 알아보겠다. 이름이 뭐냐고 하니까 한 명씩 대는데 끝까지 알아듣지를 못해 고개만 끄덕여주었다. TV도 보라 하고 방석을 주면서 살갑게 군다.

어머나, 예약을 해 놓은 것처럼 진수성찬이 내 앞에 펼쳐져 있
었다. 방바닥에는 나물과 생선튀김, 싸브지(야채 샐러드), 죽순
이 첨가된 돼지찜이 나를 위해 준비되어 있었다. 간단히 요기나
하면서 한잔할 요량으로 왔건만 횡재를 만난 거다. 푸짐한 게 내
가슴이 다 설렐 정도다. 보나마나 내 눈이 휘둥그레져 있었을 거
다. 부인이 미소를 보낸다. 웃는 모습이 어쩜 저렇게 순박할까.
먼저 왔을 때도 그랬고 이방인의 갑작스런 등장이 성가실 법도
하건만 전혀 어떤 내색도 없다. 음식을 가운데 놓고 식구 아홉
명에 나까지 빙 둘러앉았다. 번개모임(!) 치고는 성적이 좋다.
"오늘 누구 생일이에요?"
무슨 뜻인지 모르는 칸트로 씨가 아니라고 고개 짓만 한다.
"상다리가 부러지겠어요." 이런 말을 할 수 없는 내 짧은 영어 실
력이 원망스럽다.

항아리에 담겨진 아뽕이 곧 내 앞에 놓인 컵으로 옮겨졌다. 지난
번에 안주 먼저 집어 먹었다고 무안을 당해서 이번엔 술부터 마
셔야지 했는데 잘됐다. 따라주자마자 한 잔 주욱~ 들이켰다. 아
이들이 신기한지 나를 빤히 쳐다본다.

텁텁하니 감칠맛 나는 게 먼젓 번에 마신 것보다 입에 감겼다. 안주로 뭘 먼저 먹을까 순위를 매기게 된다. 생선을 먼저 먹어볼까 아님 찜부터 먹어볼까.

돼지찜은 가히 일품이었다. 어떻게 만들었기에 누린내도 안 나고 구수한 맛이 날까. 죽순과 어우러져 입안에서 쩍쩍 붙는다. 한국의 '가든' 음식점에서 먹는 맛이다.

"직접 만들었어요? 베리 굿!"

남편한테 묻는데 부인이 알아듣고 미소를 짓는다.

"가게를 차려도 되겠어요."

남편 입이 귀에 걸렸다.

부인보고 같이 먹자고 해도 손사래를 치면서 부엌으로 간다. 나보고 많이 들라고 하는데 이럴 땐 강호동 씨 식성이 부럽다. 어떤 잡지에 나온 인터뷰 기사를 보니까 위가 남보다 더 크다고 한다. 정말 다 먹고 가고 싶은 생각이 굴뚝같다. 생선에는 '오메가 3'라고 뼈에 좋은 철분이 들어 있다. 죽순은 숙취에 좋단다. 그런데도 배가 불러 고작 몇 점 더 집어 먹었을 뿐이다.

우리처럼 잔 비우기가 무섭게 상대방이 따라 주는 게 아니고 각자 알아서 마시면 된다. 얼마 만에 마시는 술인가. 달달하니 마실수록 알딸딸해지는 게 기분도 마구 올라가고 있었다. 당장은 밥보다 김치보다 더 좋았다. 내가 꿀꺽꿀꺽 들이키는 걸 보더니,

"한국에도 이런 술이 있나요?"

"막걸리 팬이 해마다 늘어나고 있어요."

신기하단다. 내가 보기에도 신기한 게 가족들 생김이나 식성이 우리랑 참 많이 닮아 있었다. 아마도 수천 년 전에는 하나의 같

은 민족이 아니었을까. 오랫동안 전쟁을 치르면서 나라가 갈라지지고 민족이 흩어지다 보니 조상도 섞이고 언어도 바뀌어졌을 거다. 그 와중에 음식 문화만 이어져 왔는지도 모른다.

아이들은 내 옆에서 하품을 몇 번 하더니 하나둘 방으로 들어갔다. 시어른들도 자리를 피했고 우리 셋만 술을 마주하고 있었다. 부인에게 딱 한 잔만 권해도 마시려 들지를 않는다. 보기보다 고집이 세다.

"일전에 맛 좀 본다고 마셨는데 그것이 그만 체했어요."

"그런데 왜 만들어요?"

"하늘에 바쳐야 되거든요."

그러니까 기독교인이 와인을 만들었던 것처럼 그들은 아뿅을 만들었던 것이다. 신앙심이 자연에 감사하고 자연을 보호하는 역할을 해 왔다. 농사를 평생의 업으로 하는 농경사회의 특성이다. 오직 미싱 족만이 만들 수 있는 독보적인 특허품이다.

우리는 막걸리를 농주(農酒)라고도 한다. 농사일을 하면서 점심과 저녁 사이에 먹는 일명 '브레이크 타임', 즉 새참으로 농주를 마신다. 소화를 촉진시키고 어느 정도 요기도 된다. 이렇게 우리랑 닮은꼴이니 내 입맛이 마구 당길 수밖에.

서너 순배 돌아가니까 정신이 다시 말짱해진다고나 할까. 현지인 집이라 긴장의 끈을 놓지 않아서일 거다. 숙소로 돌아갈 일이 태산 같다. 어두워지면 나가기가 꺼려지는 곳이 주택가다. 차편은 아예 없고 칸트로 씨가 운전하는 오토바이 뒤에 얹혀 갈 수밖에 없다. 그런 사정 다 아는 사람들이니까 알아서 데려다 주겠지.

먹을 거 다 먹고 마실 것 또한 얼추 들어갔겠다, 일어서려는데 부인이 누차 남편을 처다보는 것이었다. '왜 그러지? 데려다주기 싫어시 그런가.' 덜컥 겁이 나기 시작했다.

"마담! 제 집에서 자고 내일 아침에 가시죠?"

"네? 그건 안 돼요, 안 돼."

"집사람이 준비를 다 해놓았어요."

그 말에 나는 그저 술만 두어 잔 더 들이켰을 뿐이다.

원 나잇

일전에 짜이 아저씨가 나한테 알려준 정보가 있다. 친구 칸트로 씨의 닭 가게가 요즘 잘되고 있단다. 그래서 그 집은 동네에서 그런대로 사는 축에 들어간단다. 나보고 부담 갖지 말고 놀러가도 된다고 했었다. 그래도 그렇지 나그네한테 어떻게 이런 후한 대접을 할까. 있다고 다 그런 것은 아닐 테고 천성이 착한 사람들 같다.

저녁 먹은 후에는 곧바로 곯아떨어지는 사람들이다. 아이들도 공부는 새벽에 하고 밤에는 서둘러 자기 바쁘다. 모두가 동시에 자고, 동시에 일어난다. 하루 마감이란 게 없지만 대체로 해가 뜰 때면 일하고 해가 질 때면 끝내는 편이다. 나의 유년 시절도 그랬다. 일찍 자고 일찍 일어나는 습관을 키우라고 학교에서 배웠다.

내친김에 그들의 사는 모습을 좀 더 들여다볼까 했는데 특별한 게 없는 것 같다. 할 수 없이 나도 일찍 하루의 마침표를 찍는다.

식구가 많은 만큼 방도 몇 개나 된다. 내 옆으로 깊은 잠에 빠진 딸아이가 꿈을 꾸나 입을 몇 번 썰룩거리더니 돌아눕는다.

마련해준 침대에 누워 있는데 눈은 말똥말똥하고 정신은 맨송맨송하다. 과연 내가 술을 마셨나 할 정도다. 마음이 편하니까 몸도 슬며시 놓아두게 된다. 어떤 별장도 이렇게 편할 수는 없다. 뱀부 하우스란 게 강물에 네 기둥을 박아 놓은 집이라 사방이 다 강으로 둘러져 있다. 문턱에 앉아서 강바람이라도 쐬고 싶다. 하늘의 별들은 얼마나 총총할까. 잠들기에는 아까운 밤이다. 당장 일어나고 싶은데 바닥에서 부스럭 소리가 나는지라 참고 있다. 알전구는 있지만 다들 자는데 혼자서 불을 켤 수도 없는 노릇이다. 할 수 없이 잠을 청해보는데 흘러가는 강물소리가 잔잔히 들리는 듯하다. 귀뚜라미는 아닌 것 같고 풀벌레 소리가 귓속을 살살 파고들고 있었다.

자연을 벗 삼아 대나무 집에 누워 있는 평화가 너무도 달콤하다. 이런 혜택은 아무나 누릴 수 없는 것이다. 다리품 판 게 아깝지가 않다. 내가 이렇게 민박을, 아니 원 나잇을 하게 될 줄이야. 여행이란 게 묘한 부분이 있는 것 같다. 어디로 흘러갈지 아무도 모르니까. 삶도 그렇다. 고삐를 쥔다고 되는 게 아니건만 우리는 늘 긴장을 하고 산다.

낮에는 선크림이 소용 없을 정도로 초강력 햇살인데 반해, 밤공기는 외려 선선하다. 한국의 가족이 그립고 보고 싶어진다. 떠나오지 않으면 절대 느낄 수 없는, 그런 그리움.

바람소리가 자장가가 되어 어느새 잠이 들었던 것 같다. 잠결에도 어렴풋이 새들의 지저귀는 소리가 들리는 듯해 눈을 떠보니 밖이 가물가물하다. 먼동이 트나 보다. 절그렁 절그렁 소 방울 소리가 들렸다 안 들렸다 한다.

동창이 밝았느냐, 노고지리 우지진다
소치는 아이는 상기 아니 일었느냐
재 너머 사래 긴 긴 밭을 언제 갈려 하나니.

*약천 남구만

벌써 방마다 부스럭내는 소리기 나는 게 모두들 일어나는 모양이다. 옆집의 소리까지 제대로 들린다. 자동차와 자전거, 오토바이 지나가는 소리가 점점 커지고 있었다.

시어른한테 아침 인사를 하고 나니까 할 일이 없다. 집에서는 모닝커피 한 잔 한 다음 컴퓨터 켜서 인터넷 뉴스를 보고 메일을 확인하는 것이 아침의 시작이다. 하지만, 여기서는 신문이 있다 한들 볼 수 있기를 하나, 더욱이 컴퓨터도 인터넷도 없으니…. 그렇다고 해서 답답하지는 않았다. 신기한 것이 시간이 지날수록 머리는 맑아졌다. 그동안 용량 초과였던 내 머리에 쓸데없이 저장된 것들이 다 사라져버린 것이다. 앞으로는 필요한 것만 집어넣으련다. 눈까지 덩달아 맑아지는 느낌이다.

도우미를 자청하고 부엌을 기웃거려 보는데 내가 할 게 없다. 부인이 물을 끓이려고 장작을 때서 불을 지피고 있었다. 그런 건 영화에서나 봤던 터라 한국에서 나름 고급인력인 나는 아무 짝에도 쓸모가 없었다.

그들의 아침 식사는 우리처럼 정식 식사가 아닌, 애피타이저가 먼저 나온다고 할까. 언제나 짜이 타임이 먼저였다.

큰 딸은 책상에 앉아 있고 다른 아이들은 조잘대며 왔다 갔다 한다. 좀 있으면 동네 아이들이 다 모일 거다. 이방인이 왔다고 얼마나 몰려올까. 아마 우리네 어른들이 이런 모습을 보면 꼭두새벽부터 버릇없다고 흉잡힐 행동이다.

여명을 보려고 서둘러 뒷문으로 나갔다. 강물의 물살은 여전히 잠잠하다. 물 위에 떠 있는 해가 점점 커지더니 갑자기 강물이 환해지기 시작한다. 둥근 해는 그새 어디가고 뜨거운 햇살만 퍼진다. 이런 걸 보려고 그리도 먼 길을 달려 온 나다. 석 달가량 아무것도 하지 않고 이렇게 물 위에 떠 있는 방갈로에서 살아봤으면 좋겠다. 한곳에 머물며 일없이 빈둥거리는 여행, 한번 해보고 싶다. 햇볕은 내리쬐는데 행복감이 스멀스멀 온몸을 파고든다.

소고삐를 쥔 남자아이가 제 몸보다 엄청 큰 소를 끌고 가고 있다. 어미 뒤로 송아지가 뒤따라간다. 들판에다 풀어 놓은 다음, 아이는 학교를 간다. 소들은 하루 종일 풀을 뜯고 풀밭에 자빠져 빈둥빈둥댈 거다. 그러다 해 질 무렵이면 아이 손에 끌려 제 집으로 돌아간다. 아쌈 판 〈워낭소리〉의 주인공들이다.

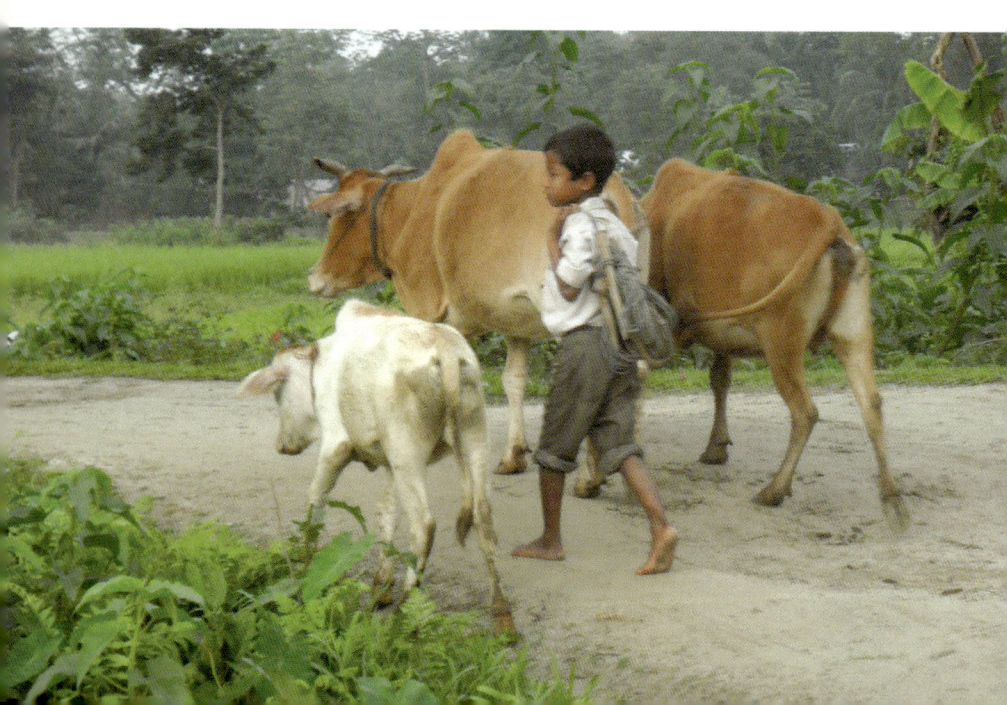

막내 너석이 "마담!" 하고 부르는 소리가 들렸다. 그들만의 아침 식사가 시작되었다. 바닥에 짜이와 스위트(과자) 몇 조각이 놓여 있다. 모두가 같이 자고 같이 일어난 것이다. 그리고 짜이 타임을 함께 즐기고 있었다.

생태 근본주의자 *스콧 니어링은 『적게 소유하고 풍부하게 존재하라』는 책에서 "하루를 세 단위로 나눠 새벽에는 책을 읽거나 글을 쓰고, 낮에는 일하고, 밤에는 가족들과 또는 이웃들과 얘기를 나누며 사세요."라고 했다. 지금 나는 이 말을 실천하고 있는 중이다.

칸트로 씨가 가게 나가는 길에 나를 데려다 준다고 한다. 동네 더 구경하다 갈 테니 먼저 나가라고 한 다음, 부인의 두 손을 꼭 잡았다. 그런 다음 껴안아 주었다. 굳이 말이 필요 없었다.

"단야 왓(고마워요)."

아마도 섬에서 외국인이 민박을 한 것은 내가 처음이지 싶다. 부인이 화장실 간 사이 얼마간의 돈을 부엌에 있는 항아리 속에다 넣고 나왔다.

나 같은 나그네에게 왜 이리 정을 주는지 모르겠다. 나그네란 어디를 가도 뜬구름같이 왔다가 사라진다는 걸 이들이 모를 리 없을 텐데. 힘들어도 오지 여행을 찾는 이유가 바로 이런 순수한 감동 때문일 거다. 말이 통하지 않는 사람들이라고 해도 정은 통하는 법. 사람의 본성은 매한가지이기 때문이다. 그렇지 않은 여행은 속 빈 강정이 되기 쉽다.

그런 사람들을 동경하는 탓일까. 그 자체만으로도 성자 같다. 사람이 꽃보다 아름답다는 노랫말이 실감난다. 걸어가는데 자꾸 부처 같은 부인의 미소가 떠올랐다.

* 약천 남구만(南九萬): 조선 후기 문학가(1629~1711).
* 스콧 니어링(Scott Nearing): 미국의 경제학자.

6. 무한도전

축제에 빠져들다

뱀부 하우스에 살고 있는 청년 바자브와 점심을 먹은 후의 일이다. 서둘러 설거지를 마친 바자브가 구경거리가 있는데 같이 가지 않겠냐고 한다. 아주 신나는 축제가 열리는데 그곳에서 친구들을 만나기로 했단다. 그러면서 피로를 한 방에 날릴 수 있다고 홍보까지 곁들인다. 귀가 솔깃해졌다. 길 떠난 나그네 외로운 심정을 아는지 아님 그새 밥정이 들었다고, 같이 가자고 살갑게 따라 붙는다. 급히 자리를 무르고 따라 나섰다.

멀리서 울려오는 북소리가 발걸음을 재촉한다. 둥둥둥둥~ 둥둥둥둥~. 축제가 열리는 메인 스타디움으로 가는 길은 사람들로 북적북적했다. 우리도 그들 틈에 끼어 앞서거니 뒤서거니 하며 공터로 향했다. 원색의 전통 옷을 곱게 차려입고 화장까지 한 여자 어린이들도 군중 틈에 끼어 있었다. 무대에 오를 영 댄서들이다.

점점 북소리는 우렁차게 들려오기 시작했다. 넓은 공터에는 이미 많은 주민들이 들어차 있었다. 삼삼오오 모여 팔짱을 끼고 있는 사람들, 여럿이 몰려다니는 학생들, 포장마차에서 산 빤 (Pan)을 입안에서 우물대고 있는 아저씨들, 엄마 손을 잡고 구경나온 아이들까지… 동네 사람들은 다 모인 듯하다. 계속 꾸역꾸역 들어오고 있었다. 큰 메인 스타디움이 조금 있으면 군중들로 꽉 찰 것 같았다.

공터 입구에는 신에게 드리는 사당이 임시로 설치되어 있다. 사람들마다 일단 멈췄다가 기도를 드린 다음 들어간다. 한 해의 소망과 무사 기원을 담아 올리는 기도다.

안으로 들어가니까 많은 눈들이 우리 두 사람을 번갈아 보느라 바쁘다. 한 남자가 바자브 앞으로 오더니 악수를 하고 얘기를 나눈다. 두 사람의 얼굴에서는 반가운 미소가 퍼진다.

"육지에서 사업을 하는 친구인데 축제 보러 일부러 시간을 내서 왔어요."

"무슨 축제인데요?"

"해마다 열리는 섬 주민을 위한 큰 축제지요. 모든 트라이브 (Tribes, 부족)가 다 참가하는 축제예요."

"다른 축제는 아무나 참가할 수 없나요?"

"저 친구는 *아쌈이즈(Assamese)거든요."

바자브는 미싱 족(Mising tribes)이다. 인도인한테는 누구나 카스트(Caste, 신분)가 있는데 마줄리는 그것 말고도 십여 종류의 부족이 있다. 각자 문화가 조금씩 차이가 나고 텃세가 있어서 놀이마당도 다르다. 대체로 자기와 다른 카스트나 부족끼리는 잘 어울리지 않는 편이다.

인도란 나라는 참 묘하다. 나라가 커서 그런지 우리가 이해 못하는 복잡 다양한 인간관계가 참 많다. 그러니까 지금 열리는 축제는 '다문화 페스티벌'인 셈이다. 우리네 팔도 민속 자랑대회라고 보면 되겠다. 이름하여 *비후(Bihu, 축제).

쿵, 다당~ 쿵, 다당~ 쿵쿵쿵쿵! 쿵, 다당~ 쿵, 다당~ 쿵쿵쿵쿵!

북소리가 요란뻑적지근하게 울리기 시작한다.

벌써 한쪽 귀퉁이에는 미리 와서 자리를 잡아놓은 장사꾼들로 분주했다. 대목을 맞았으니 신났겠지. 축제 마당에서 먹는장사가 빠지면 김빠진 사이다. 어디서 튀김 냄새가 솔솔 올라온다. 고소한 냄새를 따라 고개를 돌린 곳은 바로 내 옆에 있는 포장마차였다. 아저씨가 으깬 감자를 돌돌 뭉쳐서 기름에 튀겨내고 있

었다. 바자브가 먹겠냐고 눈빛을 보낸다. 노우! 배가 든든한데다 장사꾼 손을 보니까 먹고 싶은 생각이 없어진다.

포장마차 옆, 좌판 위에는 원산지를 알 수 없는 울긋불긋한 과자와 사탕이 수북이 쌓여 있다. 바닥에도 허접스런 장난감이 널브러져 있다. 구름 같은 솜사탕이나 각양각색의 풍선도 인기 상품 중에 하나다. 모두가 다 코흘리개들을 유혹하는 범인이다. 아이스박스 안에 채워놓은 아이스 바와 음료수가 나타난다면 금세 동이 날 텐데 아직 그런 것들은 상륙하지 않은 듯하다.

한국에선 축제 때 단골메뉴인 땅콩과 오징어가 판매 순위로 보면 일등 공신일 거다. 마줄리의 공신은 빤(Pan)과 튀김이다. 어디건 축제에는 술 한잔 정도는 해야 할 것 같다. 흥을 돋우는 데 알코올이 빠지면 왠지 모르게 삭막해 보인다.

"잔치에 술이 없네요. 아뿡 한 병만 들고 오지 그랬어요?"

"전 부족이 다 모였는데 그러면 큰일 나요."

"미싱 족만 마시는데도요?"

"인도는 술 금지 국가예요."

"그냥 모르는 척 해주면 안 되나?"

기가 막힌지 허허 웃고만 있다. 술이 없으니까 신바람이 안 난다.

---

* 아쌈이즈(Assamese): 부족 중 하나. 아쌈에서 인구가 제일 많은 부족이다.
* 비후(Bihu): 패스티벌(festival). 축제.

축제에 빠져들다 2

대형 간이 천막으로 설치한 관중석과 무대가 멀리서도 풍성하게 보인다. 곧 시작한다는 마이크에서 나오는 사회자 말에 우우~ 하면서 박수소리가 여기저기서 들려왔다. 풀밭에 느긋하게 서 있던 구경꾼들이 무대 쪽으로 밀려들기 시작한다. 이미 앞쪽에 제일 잘 보인다는 VIP석은 만원사례다. 할 수 없이 서 있는데 나이 지긋한 남자가 일어나서 자리를 권한다. 어디서 본 듯한 낯설지 않은 얼굴이었다.

무대를 달굴 출연자들이 속속 뒤로 가고 있었다. 그 중에는 길에서 마주쳤던 영 댄서들도 끼어 있었다. 무대에 오를 멤버들의 대기 장소다.

사회자가 뭐라고 했는지 왁자지껄하던 소리가 멈추고 장내가 조용해졌다. 먼저 섬의 수장과 어르신들이 나와서 신에게 절을 드리는 것으로 막의 시작을 알렸다.

곧이어 요란한 박수 소리와 함께 무대가 떠들썩해지기 시작했다. 남성 선발대들이 꽹과리를 들고 우렁찬 쇳소리를 내며 무대 중앙으로 나왔다.

쿵다닥닥 쿵쿵~ 쿵다닥닥 쿵쿵~

기다렸다는 듯 콜(Khol, 드럼)이 합세를 하고,

덩거덩, 덩거덩. 덩덩덩덩!

동시에 큰 북이 등장하면서 서서히 굵게 울림을 쳐주면,

쿠우웅~ 쿠우웅~ 쿵! 쿵!

심장 박동 같은 큰북 소리가 터져 나왔다. 탁탁대는 고수의 발동작과 콜이 어우러져 마구 몰아치고 있었다. 관중석에 앉아 있던 아낙네들이 리듬에 맞춰 어깨를 들썩이며 얼씨구! 하며 추임새를 넣는다. 서 있는 구경꾼들도, 휘익~! 휘파람을 불고 손을 흔든다. 무대에 있는 춤꾼들에게 보내는 신호다. 자기가 속한 트라이브가 나온 것이다. 장내가 떠나갈 듯 박수 소리가 요란했다.

끝나는가 했더니 곧 이어 다른 팀들이 쿵자자자 쿵닥~ 하면서 흥을 이어주고 있었다. 아주머니 몇몇은 앉아만 있기엔 섭섭했는지 자리를 박차고 일어나 엉덩이를 흔들면서 어깨춤을 덩실덩실 추기 시작한다. 뒷줄부터 점점 자리에서 일어나는 숫자가 늘어나더니 앞에 두 줄만 남기고는 모두 일어났다. 마치 카드 섹션을 보는 듯했다. 저 멀리서 팔짱을 끼고 있던 구경꾼들까지 와~와~! 천장을 뚫고 나갈 것 같은 고성을 지르고 있었다. 신 나도 이렇게 신이 날 수가! 덩달아 나도 신이 났다. 에라 모르겠다.

어얼씨구우~ 저얼씨구우~ 좋구나아~ !

무대와 청중석이 하나 되는 라이브의 진면목을 보고 있었다. 열
광의 도가니라는 게 이런 걸 두고 말하나 보다. 마침내 한국에서
온 나그네도 그곳 사람이 되어 있었다. 바자브 말대로 피로를 한
방에 날려 보낸 것이다.

이 와중에도 의자에 점잖게 앉아 있는 사람들이 있었으니, 맨 앞
자리 VIP석에 앉아 있는 지역 유지들이다. 뻣뻣이 앉아서 간간
히 손뼉만 치고 있을 뿐이었다. 조금 전 나에게 의자를 권했던
사람이 누구인지 그제야 떠올랐다.

2년 전 마줄리에 왔을 때다. 카말라바리 번화가에서 너튼 사뜨
라로 가다 보면 제법 큰 초등학교가 보인다. 그 운동장 한구석
에 꽹과리 같은 게 걸려 있어서 그게 뭔가 하고 보고 있던 참이
었다. 그때 나이 지긋한 선생님이 나를 보더니 유창한 영어로 말
을 걸고 짜이를 대접했던 일이 있었다. 꽹과리가 아니고 수업 마
칠 때 치는 종이라고 설명을 해 주었다. 바로 그 사람, 교장 선

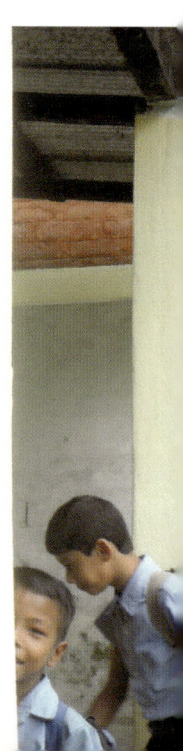

_초등학교 수업 종

생님이었다.

다행히도 나를 알아보지 못했다. 그때나 지금이나 폼 잡고 있는 건 여전하다. 뒤에서 천장이 무너질 것 같은 열광을 아는지 모르는지 무대만 보고 있다. 어느 나라나 권력과 민초들은 맞닿을 수 없는 평행선을 달려야 하는지도 모른다.

한바탕 정신없이 북판을 두들기던 고수들이 서서히 뒤로 물러나기 시작하면서 소리도 작아지기 시작했다. 곧 이어서 여성 춤꾼들이 무대 주위를 빙빙 돌면서 중앙으로 나왔다. 온통 원색의 물결이다. 그러더니 자연스레 무대 뒤로 비켜나간다. 백댄서들이다.

이때 갑자기 중앙이 화려해지더니, 간드러진 여성 싱어의 노래가 흘러나왔다.

니야오옹~ 니이옹~ 오오오옹~

후끈 달아오른 관중석의 열기도 언제 그랬냐는 듯 수그러들었다. 삽시간에 주위는 진정이 되고 모두가 솔로 무대에 눈을 고정시키고 있었다. 섹시한 옷차림과 세련된 무대 매너로 청중을 사로잡는 이 여성은 누구일까. 잘 나가는 톱 싱어인가. 남자들 애간장깨나 녹이겠다. 트롯이 가미된 것 같은 애절한 노래에 모두들 귀를 쫑긋 세우고 집중한다. 따라 부르는 사람들도 있는 걸 보니 요즘 한참 뜨는 노래인가 보다. 바자브한테 물어보려는데 보이지를 않는다. 조금 전까지 친구들과 얘기하고 있는 걸 봤는데 내가 여기저기 다니다 보니 길잡이를 놓쳐 버린 것이다.

서서히 한두 사람씩 자리를 뜨는 게 공연이 막바지에 다다른 것 같다. 여성 싱어의 노래는 듣기에 거북해서 나 역시도 자리를 뜨고 싶었던 참이다. 아직 영 댄서들 무대는 못 보았지만 보나마나 재롱잔치일 거다. 나 먼저 간다고 바자브 보면 말을 하려고 여기저기 찾고 있는데 어떤 청년이 나한테 오더니 바자브를 찾냐고 묻는다. 마침 잘됐다 싶어,

"그 사람 보면 나 먼저 간다고 말해주세요."

"여기서 기다리세요. 친구가 계속 마담을 찾고 있었거든요."
내가 사진에 정신을 놓는 사이, 바자브와 친구들은 나를 찾고 있었던 것이다. 그것도 모르고 먼저 가려고만 했다니 어쩐지 미안한 마음이 든다.
라이브 콘서트를 보면서 그들의 순수한 감동까지 곁들여져 덕분에 정말 신나는 하루였다. 오지 체험이란 게 뭐 별건가. 현지인들과 문화를 함께 즐기고 어울리면 되는 것이다.

_무대에 오르기 전 연습

달고나

동네 골목이 언제나 축제같이 보이는 건 알록달록한 색의 과자들이 멀리서도 눈에 확 들어오기 때문이다. 색색의 과자들이 사이즈별로 구멍가게에 줄줄이 매달려 있다. 밖에 걸려 있어서 오가는 사람의 눈길을 끈다. 보고 있으면 풍선이라도 단 것처럼 기분이 부풀어오른다. 잠시 동심의 세계로 돌아간 듯하다. 구경을 하고 있는데 주인이 슬슬 미소를 보내면서 내 앞으로 온다. 뭘 살까 망설이다가 과자 겉봉에 나와 있는 '브리테니아(Britenia)' 브랜드를 보고 하나 집어 들었다. 인도에서 알아주는 쿠키 브랜드다. 특유의 향이 없고 달지 않는 순수 보리 과자다. 단백하고 구수한 맛에 특히 한국 여행자들에게 베스트 상품이다.

인도인들은 유난히도 단 과자나 음식을 좋아한다. 단것에는 귀신도 도망간다는 그들의 식성 때문에 짜이는 설탕물이라 할 정도고 빵 종류는 말 그대로 '달고나'다. 식사를 빵으로 때우려고 가게를 찾을 때다. 주인에게 "달지 않은 걸로 주세요."라고 하는데도 주는 것마다 '달고나' 급이다.

온갖 종류의 '길표 먹거리'가 넘쳐나는 게 인도다. 골라먹는 재미와 주머니 사정까지 헤아려주는, 여행자에게는 고마운 간식거리이자 카메라에 단골로 등장하는 거리 풍경이다.

섬만 해도 가게에 진열되어 있는 모든 베이커리 제품은 개개인이 직접 만들어 파는 홈 메이드다. 주인이 파티셰(patissier)도 하고 1인 기업의 직판을 겸하고 있다. 공장에서 받아다 되파는 그런 유통구조 시스템이 아예 없다. 유명 베이커리 기업이 들어와 영세 상인이 설 곳이 없어지는 일은 결코 벌어지지 않을 거다.

이들이 구워 낸 빵은 단 게 흠이기는 하지만 우리 입맛에도 맞고 간단히 테이크아웃(Take out) 하기에도 충분한 양이다. 뭣보다 가격이 착해서 사랑을 받는다. 개당 5루피~10루피.

그러기에 만들어 내오는 시간쯤에 대서 가면 따끈따끈한 것을 골라 먹을 수 있다. 더구나 시장기가 돌 때 먹으면 한마디로 꿀맛이다. 그럴 땐 몇 개를 집어 먹는지 모른다.

그러나 이곳도 갈수록 치솟는 인플레이션을 당할 재간이 없는지 점점 돈의 가치가 없어지는 추세다. 버젓한 식당에서는 돈을 지불하면 영수증을 주는데 사탕 두 개가 껴서 나올 때가 있다. 잔돈 대신 동전 1루피(25원 정도)나 2루피를 사탕으로 때우려고 한다. 어물쩍 사탕으로 넘어가나 해서 눈치를 주면 할 수 없이 잔돈을 내주기도 한다. 그러나 제일 작은 단위의 루피는 준비가 안 되어 있는 곳이 허다하다. 사탕이나 껌 대신 동전으로 달라고 하면 없다고 끝까지 버틴다. 이미 음식은 다 먹었겠다 손님만 이래저래 따라야 하는 처지가 되고 만다.

문방구나 장신구 가게에서는 낸 돈을 도로 내줄 때도 있다. 팔아봤자 얼마 남지도 않는데 돈도 안 되는 잔돈 갖고 신경 쓰기 귀찮다는 거다.

이런 일도 있었다. 섬이 아닌 대도시에서 일이다. 내가 탄 장거리 버스가 번화가에서 잠시 멈춰 있을 때다. 십여 분만 주어지는 휴식시간 때문에 승객들은 내리자마자 바쁘게 움직여야 했다. 그러잖아도 입이 심심하던 차에 과자나 살까 해서 가게로 들어갔다. 주로 코흘리개들이 찾는 간식거리를 진열해 놓은 구멍가게였다. 아기를 업고 있는 엄마가 무릎에는 조금 큰 아이를 앉히고 물건을 팔고 있었다.

서로 말이 안 되니까 내가 손으로 살 물건을 집으면 애 엄마는 내 손바닥에 가격 숫자를 쓰면 되는 것이었다. 나는 큰돈을 낸 다음 손을 내밀었다, 잔돈 달라고. 상대는 없다는 손짓을 보낸다. 그래도 나는 손바닥을 내밀고 있었고 그쪽은 고개를 흔들고 있었다. 깊은 눈에선 봐달라는 표정이 역력했다.

'이건 잔돈을 안 주겠다는 속셈이다.'

말도 안 통하겠다 순간 짜증이 나서 과자를 제자리에 던져놓고 손에서 돈을 빼앗듯이 집고는 나와 버렸다. 곧바로 버스에 올라탔더니 콘닥터는 출발 신호를 보낸다. 곰곰히 생각해보니까 잔돈만큼 과자나 사탕을 사면 될 것을. 내 돌머리를 쥐어 박고 싶었다. 섬에 들어와 그때 진 빚을 만회해 보려는데 장거리행 버스도 없거니와 급하게 서두를 일도 없었다. 무릎에 앉아 있던 어린

이의 눈빛이 여행 내내 내 뒤를 따라다녔다.

부지런히 움직이다가도 가끔 가게에 들러 빵 사는 것을 잊지 않는다. 나 같은 '빵순이'에게는 아침 대용이기도 하고 먹는 재미라도 없으면 여행이 무척 지루하기 때문이다. 먼 나라에 가서 내 고향의 맛을 느끼니 피곤이 한결덜 하다. 단맛이 피로회복 제라지!

간식거리에 도전해 볼까?

여행에 음식 이야기가 빠지면 간을 제대로 치지 않은 나물이랄까, 이야기가 그렇게 밍밍하게 돌아갈 수가 없다.

좁은 간이식당(Daba, 다바)에 들어서자마자 낯익은 광경이 들어왔다. 주인이 감자를 튀기느라고 불 앞에서 떠날 줄을 모른다. 으깬 감자에 밀가루를 입힌 다음, 기름에 튀겨서는 채반에 올려놓고 기름을 빼고 있었다. 내가 사는 서울 지하철역 주변의 포장마차에서 먹던 야채튀김이 떠올라 군침이 돈다.

갓 튀겨낸 감자는 정말 우리 맛이었다. 밥보다 군것질을 좋아하는 나로서는 가끔 색다른 음식을 보면 도전장을 낼 때가 있다. 감자가 순한 맛이라면 삼각 사모사(Samosa)는 매운 맛이다. 톡 쏘는 맛이 있어서 그런지 튀김인데도 느끼하지가 않다. 겉모습은 프리즘, 속은 꽉 찬 만두다. 두툼해서 두 개만 먹어도 끽, 이다. 언제나 커다란 배낭에 치여 허덕이는 길거리 여행자들에게는 고맙기 그지없는 간식거리다. 그런데다 가격까지 착하다. 선반에는 매운맛에서 순한맛까지 다양한 재료들이 놓여 있다. 설탕, 소금, 고춧가루, 후추, 케첩 소스… 심지어 망사에 들어 있는 양파나 마늘까지.

양갈래머리 여고 시절, 학교 앞 '종로 분식 센터' 간판이 걸려 있는 분식점에 들어와 있는 듯하다. 이럴 땐 절로 떠오르는 것이 있었으니 그 순간부터는 안달이 나서 못 참는 거, 바로 라면이다. 아무리 근사한 케이크가 눈앞에 있어도 그보다 더 귀한 호사품이다. 그럴 땐 다 집어치우고 당장 한국행 비행기를 타고 싶을 정도로 그 맛이 그립지만 꾹 참고 파카라(Pakara, 튀김)로 마음을 달래본다.

국민빵, 로띠(Roti)도 도전해 볼 가치가 있다. 어렸을 때부터 엄마는 나를 빵집으로 시집보낸다는 말을 누누이 할 정도로 빵을 좋아했다. 섬에 들어와서도 먹음직스런 빵만 보면 눌러보고 뒤집어 보고 어떻게 구워냈는지 만든 가게 주인에게 꼬치꼬치 물어보곤 한다.

로띠란 일반적인 모든 빵을 말한다. 밀가루를 반죽한 덩어리를 화덕에 구우면 짜빠띠(Chapati), 발효시켰으면 난(Nan), 기름에 튀기면 뿌리(Puri), 프라이팬에 구우면 빠라타(Paratha). 주로 '노천카페'에서 먹는 빵은 뿌리나 빠라타다. 이런 것들은 식으면 그 맛이 안 나기 때문에 손님의 주문이 있기 전에는 구워 놓지 않는다. 반죽만 해 놓고 있는 상태다. 즉석 맞춤 요리인 셈이다. 서양 빵과는 다른 나름의 레시피(Recipe, 조리법)다.

빵 나오는 보드 시간표가 없어도, 아무 때나 사러가도 마냥 기다리는 일은 없다. 아무리 느긋한 조리사도 주문에서 완성까지 몇 분 안 걸린다. 그만큼 수작업 하는 손이 재다. 갓 구워낸 빵이라면 포크로 찍어 먹는 게 더러 제 맛을 떨어트릴 수도 있다. 본시 인도 음식은 다 손으로 먹으니까 기왕지사 무한 도전에 나선 이상, 한번 따라 해 보기로 했다. 뜨끈뜨끈한 걸 집고 있자니 데일 것 같지만 사들사들하니 느껴지는 손끝의 감촉이 입맛을 촉진시키는 건 있다. 그래서 인도인들이 도구 대신 손을 사용하나 보다. 얼른 먹고 싶어지니 말이다. 이런 다음, 어디나 씻을 물이나 비누는 준비돼 있으니까 닦으면 된다. 잘 닦여진 포크를 이것도 모자라 물이나 티슈로 한 번 더 닦아내야 성이 풀리는 우리네 습관에서 보면 이해가 안 가는 일일 테다.

_다양한 먹거리

로띠를 적당한 크기로 찢어 양념이 된 슈트(Suit, 소스)에 찍어 먹기에는 손이 가장 편리한 도구인 셈이다. 찢어먹는 과정에서 혀와는 또 다른 맛을 느끼게 된다. 이렇게 느끼는 순간을 인도인들은 *차크라(Cahclah)라고 한다. 남이 사용했던 포크와 나이프는 깨끗이 씻은 자신의 손보다 불결하다는 생각을 갖고 있다. 손보다 포크와 나이프가 더 깨끗하다고 생각하는 우리와는 정반대인 셈이다.

* 차크라(Cahclah): 몸의 한 부분인 손과 음식이 하나가 된다는 정신적 힘의 중심점. 밥알이 날라갈듯 따로 노는데 손끝으로 짓이겨서 마음이 하나 되듯 먹는다.

*생선 튀김에 도전해 볼까?

선착장 주위로는 허름한 간이식당들이 줄줄이 늘어서 있다. 유독 어느 가게만 자리가 꽉 찬 걸로 보아 '소문난 맛집'인가보다. 이런 가게는 들어가기도 전에 발걸음부터 경쾌해진다. 갓 잡아 올린 작은 민물고기들이 대야 속에서 오글오글 모여 있는 게 눈에 띄었다. 그걸 보니 갑자기 식욕이 당기는 터라 큰 놈 한 마리를 집어 튀겨 달라고 했다. 주인이 조리대를 향해 슬쩍 몸을 돌아서서 만들 준비에 들어간다. 그러더니 한 마리로 네 토막을 낸 다음 밀가루를 발라 기름에 튀겨내고 있었다. 그런데 나에게 내온 접시에는 두 토막만 얹어 있었다. 대가리와 몸통이 빠져 있었다.

"아저씨? 왜 두 토막만 주세요?"

"헤헤~ 그것만 시키지 않았나…."

"어서 나머지 두 토막도 내놓으세요."

조리대를 가리키면서 내놓으라고 하니까 주인이 멋쩍어하면서 갖다 준다. 옆에 앉아 있던 사람들이 낄낄대면서 주인한테 농을 건다. "거봐! 잔머리 쓰다가 제대로 걸렸네." 이런 말들이 오고 간 거겠지.

본래 나는 분위기 있는 레스토랑이나 대형 음식점보다는 시장 좌판에 있는 먹거리를 좋아하는 편이다. 사람 냄새가 나는 질펀

한 인정이 살아 있어서다. 그런 데서 먹는 순대국밥이나 잔치국수는 누구도 흉내 낼 수 없는 시장표 맛의 지존이다. 어떤 이는 길거리 음식을 꺼리는데 나는 잡식성이라 그런지 길표가 마음에 든다. 오지 여행하기엔 타고난 체질인가 보다.

여행을 하다 보면 진수성찬보다 김치 한 보시기에 밥 한 그릇의 홈 메이드가 그리울 때가 있다. 짐만 안 되면 컵라면, 캔 김치, 고추장을 가지고 오련만. 이런 생각 들 때가 한두 번이 아니다.

인도 음식은 맵고 짜고 향신료가 진한 걸로 유명하다. 눈썹이 타 들어갈 지경의 매운 소스나 눈물이 찔끔 나올 정도의 소스를 비롯해서 셀 수 없을 정도로 다양하다. 그러나 아쌈 주를 여행하는 동안은 굳이 고추장과 라면을 들고 다니거나 대형관광 식당을 찾을 필요가 없다. 그런 곳도 없거니와 어디를 들어가도 우리 입맛과 비슷하다. 전문식당이 없는 대신 시장하거나 입이 심심해질 때면 아무 때고 수시로 드나들 수 있는 간이식당이 흔해서 좋다.

사실 이방인들이 식당에 메뉴판을 알면 얼마나 알겠는가. 메뉴판의 이름을 보고 요리의 모양을 상상하는 게 쉽지가 않다. 손님들 먹는 걸 보고 "저것으로 주세요." 하는 게 편할 때도 있다. 잘못 시키면 바꾸기도 쉽지 않거니와 입맛에 안 맞아 못 먹는 경우도 종종 생기기 때문이다.

역시 최고의 맛은 일상의 맛이다. 매일 먹는 사람에게는 평범한 것이지만 손님에게는 그곳을 영원히 각인시키는 맛이 되기 때문이다. 그런 맛은 군것질하기에도 손색이 없다.

여행에서 만나는 음식도 또 하나의 풍경이다. 나아가 언어, 사람까지 접해 봐야 그 지역을 제대로 여행했다고 할 수 있다. 내 것이 아니고 늘 먹는 음식이 아니다 보니 편견이 있을 수도 있다. 하지만 그들의 음식 문화를 조금만 이해하면 먹는 것만큼 즐거움을 주는 게 없을 것이다.

아, 섬 어디를 가도 넘쳐나던 생선 요리가 그립다!

_생선 튀김

별다방 콩다방은 없지만

인도인들의 짜이 사랑은 우리네 커피 사랑과는 비교도 안 된다. 짜이 한 잔으로 아침을 연다는 말이 있을 정도로 인도하면 짜이, 짜이 하면 국민차다. 대화의 시작과 끝도 짜이. 오죽하면 짜이 마시면서 얘기를 시작하고 다 마실 때면 얘기가 끝난다고 할까.

반면에 나는 우리 것도 아닌 커피가 다른 음료보다 각별하다. 이번에도 일회용 커피를 몇십 개 챙겨 왔다. 혹시 모자랄 것 같아 수북이 넣은 봉지를 별도로 챙길 정도였다. 나는 커피 한 잔으로 아침을 연다. 인도에 왔다고 달라지는 일은 없다. 아침에 산보도 할 겸 식당 가서 짜이를 시키는 일부터 시작한다. 그런 다음 끓는 물을 달라고 해서 아쉬운 대로 일회용 커피라도 타서 마셔야 정신이 드는 것 같다. 그때 마시는 첫 잔의 맛이란… '바로 이맛이야'다.

'콩다방 별다방'처럼 진한 향은 안 나지만 그런대로 마실 만하다. 이래야 직성이 풀리니 습관이란 게 무섭다. 그러다 가지고 온 커피가 바닥이 났고, 커피는 마셔야겠고, 사지 않으면 못 배기는 지경이 되었다.

카말라바리 시티에 N 커피 광고판이 걸려 있는 상점을 들어갔다. 줄줄이 소시지처럼 봉지 커피가 열 개 단위로 붙어 나온다.

개당 1루피(25원)니까 다른 물가에 비해서 결코 싼 게 아니다. 두 봉지를 털어 넣어야 한 컵을 만들 수 있다. 이때 우리네 맛과 비교해서는 안 된다. 섬에 커피가 상륙했다는 것만으로도 대단한 변화다. 이것도 상점에 비치돼 있지를 않아 일하는 아이가 한참을 창고를 뒤지다 가지고 나왔다. 찾는 손님이 거의 없단다.

"그런데 왜 갔다 놨어요?"

"그럼 어쩝니까? 회사 직원이 날마다 찾아오는데. 간판을 달아 놓았으니 안 받을 수 없잖아요."

오래전에 콜라가 뭔지도 모르는 인도인의 입맛을 자극하는 깜짝 광고판이 거리에 걸려 있었다. '어서 오세요, 얼마든지 원하는 대로 마실 수 있어요.' 이게 웬 떡이냐, 하며 공짜라는 말에 홀려 사람들은 서서 기다리며 콜라를 얻어 마시기 시작했다. 콜라 회사는 전략상 마구 선심을 퍼붓고 있었다. 사람들 입이 서서히 새롭고 자극적인 맛에 빠지는 건 당연한 거 아닌가! 사람들이 꼬리에 꼬리를 물고 장사진을 이루었다.

정신없이 맛에 중독됐을 때, 드디어 회사는 히든카드를 꺼내 들었다. 이만하면 이들이 마시지 않으면 못 배길 거라고 판단을 하고 돈을 받고 팔기로 했다. 그러나 이게 웬일! 그렇게 즐겨 마시던 많은 인도인들이 발을 딱 끊은 것이었다. 90년대 일어났던 인도인의 국민성을 말해주는 대기업 실패 사례다.

커피 역시 무관하지 않겠다. 회사는 광고판만 걸어놓고 때를 기다리고 있는지도 모를 일이다. 그러고 보니 마줄리에 들어와서 커피 마시는 사람을 아직 못 본 것 같다. 더러 구멍가게나 식당에 커피 간판이 걸려 있는 걸 보면 언젠가는 커피 인구도 늘어나지 않을까.

길표 포장마차에서 마시는 짜이는 한 잔에 3~5루피 정도이다. 국제 공항터미널 음료 코너에도 다른 음료에 비해 짜이만은 아주 착한 가격에 판다.

일반 가정에서는 더 말할 필요가 없다. 그러나 이들의 짜이 사랑도 집에서 차 나무를 키우지 않는 한 재료를 사야 한다. 차 가루와 밀크, 설탕을 한꺼번에 넣고 팍팍 끓여 내면 된다. 간혹 '아드락끄 짜이'라고 생강을 가미시키기도 한다. 짜이와 쿠키는 늘 붙어 다니는 짝꿍이다. 김치와 라면처럼.

인도인들의 짜이 인심은 누구한테나 후한 편이다. 집집이 다니면서 마셔본 품평을 하자면 맛은 대부분 거기서 거기다. 물론 개중에는 입맛을 당기게 하는 안주인의 손맛도 끼어 있다. 이럴 땐 더 마시고 싶어서 최고의 립 서비스를 보낸다.

"짜이 맛이 아주 좋은데요? 굿!"

"더 드리고 싶은데 밀크가 떨어져서요. 내일 오시면 몇 잔 드릴게요."

어쩌나… 넉넉지 못한 집에서는 칭찬도 조심해야겠다.

미소만 날려도 짜이 한 잔은 해결할 수 있는 곳이 마줄리 섬이다. 이런 인심이 좋아서 날마다 한 번씩은 아무 집이나 기웃거리게 되나 보다. 집집마다 전통찻집이라고 이름 지어도 된다. 이것 역시 섬만이 지니고 있는 매력 중에 하나다.

여행자들이여! 돈 안 드는 예쁜 말과 미소. 아끼지 마세요!

골라, 골라

장터란 야시장은 없고 새벽시장이 활기를 띠는 곳이다. 장이 선다는 말은 여기서는 모닝 마켓을 말한다. 이른 아침에 열었다가 열시쯤 문을 닫고 일단 자리를 비운다. 그러다 오후 네 시가 되면 다시 장을 연다. 아침에 팔다 남은 것을 깜짝 세일로 처분하는 것뿐이므로 오후 장사는 그리 오래가지 않는다.

마을이 있고 버스가 다니고 거리가 있으면 이들은 물건을 가져다 놓고 손님을 기다린다. 사는 사람이나 파는 사람이 모이다 보면 장터가 되는 것이다. 장터란 작은 일개미들이 바지런히 움직이는 생활의 무대이자 서민들의 모습이 가장 인간적으로 보이는 곳이다.

_생선 장수. 잡은 물고기가 죽지 않도록 계속 항아리 속에 손을 넣어 물을 위젓는다.

전통시장을 가보라는 여행수칙은 어느 나라나 적용된다. 재래
시장은 물건만 가지런히 놓여 있는 대형마트와는 차원이 다른
마당이다. 그 속에는 사람이 있고 인정이 있다. 대형 슈퍼마켓이
디지털적이라면 재래시장은 아날로그적이다. 디지털에는 효능
이, 아날로그에선 소통이 있어 좋다. 그래서 시장통은 손님과 상
인 간의 공감대가 어우러지는 풍경들로 즐비하다.

덤이든 정이든 사람 사는 냄새가 그리워, 그런 냄새가 진동하는
장터를 찾아갔다. 그런데 하필 찾아간 곳이 동네 시장이나 다름
없는 허술한 장터였다. 물건을 사라고 목청껏 소리치는 장사꾼
도 없고 흥정에 열을 올리는 손님도 없었다. 장터란 시끌벅적거
려야 신이 나는 법인데 그래서는 재미가 없다. 물건을 살 것처럼
이것저것 물어도 보고, 값을 깎아 달라, 안 된다 하면서 실랑이
를 하는 것이 시장 분위기 아닌가.

남대문 시장처럼 '골라, 골라~ 잡아 잡아, 잡아 잡아~' 발리듬을
타고 떠드는 소리는 아니어도, 적어도 '사세요' 정도는 있어야 제
맛 아닌가? 그런 게 없으니까 간을 치지 않은 반찬같이 심심하다
는 거다. 빈약하니까 인적 또한 뜸했다. 공산품, 생필품 파는 가
게도 파리만 날리고 있었다.

내가 마줄리 장터는 장터답지 않고 소박한 전시장 풍경이라는
걸 안 것은 얼마 후에 일이다. 좀 더 크다는 곳을 찾아 갔을 때도
이런 분위기였다. 어쩜 장터까지 마줄리 정서를 닮았는지 여행
자 눈으로 볼 때는 이것도 흥미로운 일이었다.

한쪽 구석에서 할머니가 여성용 품목을 주섬주섬 좌판에 깔아 놓
는다. 거울, 참빗, 귀이개, 머리핀, 머리묶는 고무줄, 옷핀, 실과 바
늘, 손수건 등등. 고작해야 눈으로 셀 수 있을 정도다. 물건을 통

째로 산다 해도 만 원이 채 넘지 않을 듯 남루한 좌판이다.

내가 다가가니까 입은 다물고 있어도 눈빛이 하나 팔아 주었으면 하는 눈치다. 서로가 말 한마디 없지만 뜻은 전달이 된다. 장사꾼과 손님과의 텔레파시랄까. 하나 사 주고 싶은데 뭘 사주나…. 더위에 필요한 게 손수건일 것 같아서 한 장 집었다. 가격이 얼마냐고 구태여 물을 필요가 없다. 물건을 집고 손바닥을 내밀고 얼마라고 쓰면 된다. 초보 장사꾼도 글은 몰라도 숫자 정도는 다 볼 줄 안다. 이런데서 흥정은 전혀 어울리지 않는 법. 굳이 말이 필요 없는 곳이 장터다.

돈을 치른 다음 조심스럽게 카메라를 꺼냈다. 그제서 입가에 미소가 보인다. 예쁘게 사진을 찍고 싶은 마음은 나이와는 상관이 없나 보다. 머리를 한번 쓱, 만지고는 옷도 구김살이 없나 잡아당긴다.

한참을 걸어가다 뒤를 돌아다보니 손을 흔들고 계셨다.

남자들의 장바구니

못 보던 낯선 풍경이 되었다. 시장 안에 여자들은 한두 명
뿐, 온통 남자들 일색이다. 거기다 하나같이 장바구니를 끼고 있
었다. 바구니 귀퉁이가 뜯어질 정도로 꾹꾹 우겨넣고도 모자라
한쪽 손에도 물건을 들고 있는 모습이 무척이나 생경해 보인다.
어떤 남자는 한 가지 물건만 샀는지 검정 비닐봉지만 달랑 들고
다닌다. 어쨌든 빈손으로 다니는 남자는 없었다.

_남자들의 장바구니

한창 물건을 담고 있는 그들 곁으로 다가가 일단 카메라에 담은 다음, 좀 더 살펴보기로 했다. 이거야말로 장터의 진풍경이다. 부인이 없는 혼자 사는 남자들인가, 아님 자상해서 부인을 대신해서 장을 보는 것일까. 스스로도 별걸 다 참견한다 싶다.

한번은 동네 아낙네들과 마당에서 노닥거리고 있을 때였다. 이때 한 남자가 묵직한 장바구니를 자전거 뒷자리에 싣고 들어오는 것이었다. 부인으로 보이는 아낙네가 다가가 물건을 받고 있었다. 진풍경이던 당시의 장터 광경이 떠올라 물어보았다.

"시장을 나가 보니까 모든 남자들이 장바구니를 들고 다니던데요?"

"그게 어때서요?"

"한국은 장바구니를 든 남자가 없거든요."

"여기는 빈손으로 다니는 남자를 할 일 없는 남자로 봐요."

총각은 봐주지만 가정이 있는 남자들이 빈손으로 다닐 때는 말 그대로 백수 취급해 버린단다.

"그럼 여자들은 뭐 해요?"

"애 보고 살림 하죠."

"남편들이 부엌에 들어가 밥도 하고 반찬도 하나요?"

"노우! 남자들이 왜 해요?"

_남자뿐인 시장

그곳 사람들이 말하는 살림이란 집안일만을 말한다. 전적으로 여자들 몫이다. 한국에서는 남자가 시장엘 가면 팔불출이라는 말을 듣는데 여기선 거꾸로 부인들이 시장을 가면 남편이 팔불출 소리를 듣는다. 부인이 집안에서 살림만 하는 게 남편 체면을 살려준다는 것이다. 심지어 여자들 옷까지도 다 남편들이 사다 준다. 집안에 부득이 남자가 없을 때는 여자도 시장을 간다. 신분상으로 가정부나 천민들은 시장을 얼마든지 드나들 수 있다. 진풍경 하나 더 보자. 시장 입구에 보면 럭셔리한 승용차들이 서 있는 걸 심심찮게 볼 수 있다. 승용차 안에 마님이 다소곳이 앉아 있고 남자들이 물건을 사러 나간다. 궁금한지 마님이 차창에 얼굴을 내밀고 두루두루 바깥 구경을 하고 있다. 그러다 남자가 마음에 들지 않는 것을 사 왔는지 뭐라 대니까 다시 가서 바꾸는 걸 본 일이 있다.

그러나 부엌일은 여자들 차지다. 요리를 하려면 재료도 요리 할 사람이 골라야 되는 게 아닌가 싶은데….

그나저나 신분이 높은 여인들은 얼마나 답답할까? 누가 살림을 하던 남자들이 시장을 봐야 한다는 얘기다. 아무리 그래도 그렇지, 구경하는 재미가 얼마나 쏠쏠한데. 고르는 재미와 깎는 재미, 하다못해 속상할 때 아이 쇼핑이라도 하면 속이 풀린다. 어쭙잖게 누구하고 얘기하느니 재래시장이 기분을 바꿔주는 데는 훨씬 나을 수도 있다. 이것저것 물건에 눈을 팔다 보면 언제 시간 가는지 모르는 데가 장바닥이다. 특별히 볼거리나 즐길거리가 없는 데서 이마저도 마음대로 못하면 그곳 여자들은 무엇으로 풀까 싶다. 나야말로 장터 나들이를 주부들한테 건전 취미로 추천하고 싶을 정도다.

니는 장터에서 사람 구경히는 게 제일 재미있다. 굳이 살 게 없어도 괜히 신바람부터 난다. 구경 삼매경에 빠져 해가 지는 줄도 모를 정도다. 장터 증후군, 장터 중독증이라고나 할까. 난 아무래도 시장 체질인가 보다. 이참에 시장에다 출근 도장 찍을까 보다.

장바구니를 파는 가게

7. 네버 엔딩 스토리

수도사와 마지막 밤을

여행을 하면서 특별히 누구를 만나야겠다는 의도는 없었다. 한 만남이 또 다른 만남으로 이어져서 인연의 꼬리가 이어졌다. 나는 그것이 오히려 더 좋았다. 그렇게 해서 이어진 많은 사람들 중에 수도사들과의 만남은 특별했다. 마줄리를 환상의 섬으로 각인시켜준 전도사들이다. 아무리 바빠도 그렇지 몇몇 수도사들한테는 나 몰라라 할 수가 없다.

한동안 수도사들에 대한 궁금증이나 미안함은 잊어버렸었다. 그러다 어느 집에서 아뽕(막걸리)을 걸치고 있는데 문득 A 수도사가 생각나는 것이었다. 나를 위로한다고 규율까지 어겨가면서 아뽕을 구해다 준 사람이다. 그것도 깜깜한 밤에.

A 수도사, 생각할수록 대범한 남자다. 어쩌다 수도사라는 길을 택했을까. 나에게 저녁을 대접했던 J 수도사 같으면 감히 아뽕 구해줄 엄두도 못 냈을 거다.

인사를 하고 싶은데 딱히 떠오르는 게 없다. 우리 같으면 음식점에서 한턱 거하게 쏘면 간단할 텐데 그들에게 음식 대접은 금물인 것이다. 차라리 돈으로 줘 버릴까. US 달러를 주면 나중에 필요할 때 바꾸면 되니까. 생각해보니 요긴할 것 같다.

샤워 사건 이후로 수도원 쪽으로는 얼씬도 안 했었다. 해지기 전에 수도원 메인 게이트에 가서 앉았다. 지나가는 아무한테나 수도사를 불러 달라고 하면 된다. 마침 기숙사로 들어가는 J 방에 있는 영 수도사 보라를 만났다. A 수도사한테 가서 내가 보자고 한다고 심부름을 시키니까 까불대면서 뛰어간다. 잠시 후에 돌아 온 보라 말에는 방에 갔더니 없다고 한다. 어디 갔냐고 하니까 모른다고 도리질이다. "다른 곳으로 간 건 아니지?" 하고 물어봐도 고개만 흔들고는 내뺀다. 애한테 묻는 내가 잘못이지.

순간 겁이 덜컥 났다. 아뽕 사건(!)이 밝혀져서 쫓겨난 건 아닌가 하고. 그날 밤은 공상 추리 소설을 한 편 쓰다가 잠이 들었다.

다음날 꼭 진상을 알아내리라 마음을 먹고 J 수도사를 보러 갔다. 오래간만에 찾아온 나를 보고 어쩐 일이냐면서 반가운 기색이다.

"A 수도사 말예요. 이곳 사뜨라에 안 계신가요?"

"누가 그래요?"

"어제 왔는데 보라가 그러던데요."

"아마 병원 갔을 거예요."

"어디 아파요?"

"동료 수도사가 입원해 있거든요."

철렁했던 가슴이 가라앉는다. J는 자기를 만나러 온 줄 알았는데 A를 만난다니, 뚱한 표정을 짓고 있다. 아뽕 사건에 관해 J는 전혀 모르는 일이다.

잠시 후, 반대편 숙소에서 두 수도사가 걸어 나오고 있는 게 보였다. A 수도사를 보니까 왜 이리 반가운지! 설레는 게 꼭 군대 간 애인 면회 온 기분이다. 그러나 과한 표정이나 행동은 하지 않는 게 좋을 것 같아서 서로 미소로만 대신했다. 경내에 있기가 뭐해서 메인 게이트로 가자고 했더니 순순히 따라온다.

"저기, 음… 제가 너무 미안해서요."

또 무슨 일이 있냐는 표정이다.

'난 뭐 날마다 사고만 내는 사람인 줄 아나.'

얼른 US 달러를 내놓았다. 설명을 곁들였는데도 받지 않겠단다.

그냥 놓고 나오면 되건만 꼭 알아야 할 미션이 남아 있다.

"지난번 밤에 들고 온 아뽕 어디서 구했어요?"

그냥 웃기만 한다.

"한 번만 더 구해 줄 수 있어요?"

그런데 이걸 웬걸! 놀랄 줄 알았는데 알겠다고 고개를 끄덕인다.

혹시나 하고 슬쩍 해본 말인데.

"리얼리?"

여전히 고개를 끄덕인다. 진짜인가 보네.

"그런데요, 뒤곁에서 샤워했던다 수도사는 잘 있나요?"

대답을 안 해주면 어떡하나 걱정이 앞선다.

"마담이 그걸 어떻게 아세요?"

"누구한테 들었어요."

사실 이런 건 J한테 물어봤어야 하는 거다. 아무렇지 않게 묻고
는 있지만 내 속은 뛰고 있었다.

"지금 병원에 있잖아요. 어제 그래서 나갔다 온 거지요."

누군가 내 뒤통수를 탁 치는 느낌이었다. 그러나 어디가 아프냐
고 묻지를 않았다. 아니, 물을 수가 없었다. 바닥에 달러를 놓고
"또 봐요." 하고 부리나케 나왔다.

어디가 아픈 걸까. 벌을 받고 있다는 소식까지는 들었는데 그
렇다면, 그 후로 병이 났을 거다. 상상은 아무렇게나 퍼져 가는
데 한편으로는 안심이 됐다. 쫓겨나지 않았다니 그나마 다행이

디. 입원했다 해서 놀란 가슴, 쫓겨나지 않아 가슴을 쓸어내려야 했다. 휴우~

이럴 날 아뺑을 가지고 오면 오죽이나 좋을까만. 마지막으로 한잔 나누고 싶다. 이번에도 달이 구름에 가릴 때를 기다렸다 들고 오는 거라면 오늘밤은 글쎄…다. 유난히도 맑은 하늘인데 둥근 달이 구름에 가려지려나 모르겠다. 이러저래 마음만 바쁘다.

아날로그로 살래요

마줄리행 페리 안에서다. 선실로 들어가는데 기둥마다 붙어 있는 파랑과 빨강 바탕에 적힌 'AIRCEL' 로고가 눈을 어지럽게 한다. 벽면마다 얌전한 자리라곤 없다. 모두 통신사 광고판이다. 게다가 승객들 주머니에서 터져 나오는 휴대전화 소리에 머리가 어지러웠다. 한동안 잠잠했던 공해를 다시 접한다고 생각하니 씁쓸하다. 그런 게 싫어 먼 길을 온 사람인데 더 이상 지구에서는 갈 데가 없다는 생각이 든다.

번화가 삼거리의 눈에 잘 띄는 곳에도 그런 광고는 어김없이 들어차 있었다. 하다못해 구멍가게 간판까지 로고를 집어넣은 광고가 진을 쳤다. 대학 정문 앞에도 마찬가지다. 마치 선거전을 치른 듯 현수막이 너풀너풀 대고 있었다. 학기 초에 광고를 대대적으로 한 듯하다.

A와 R 통신사의 경쟁은 보기에도 뜨겁다. 포스터를 보면 *샤룩 칸(Shahrukh Khan)을 모델로 내세우는가 하면 자사만의 유니크한 마크가 시선을 끌게 한다. 불과 몇 년 사이에 생긴 큰 변화다. 그런데 더 놀랄 만한 변화가 있었다.

아직까지 섬에서는 눈을 억제하는 높은 건물이나 집들이 없다. 대체로 단층이고 높아 봐야 2, 3층이다. 3층에 옥탑방이나 창고라도 있으면 주민들은 3층 빌딩이라고 말한다. 그곳이 곧 스카이 라운지이고 마천루이기 때문이다. 아마도 대도시에나 볼 수 있는 층층이 솟은 빌딩을 부러워하는 속내를 대변하는지도 모르겠다. 이것도 번화가에서나 있는 일이다. 시내를 벗어나면 오직 숲과 들판, 강이 있을 뿐이다.

지하라는 개념도 물론 모른다. 내가 한국의 건물은 지하 몇 층까지가 주차장이고, 주택은 지하부터 올라가고, 63빌딩이 있고, 아파트는 30층 이상이라고 말하면 고개를 갸웃거리면서 정말이냐고 되물을 정도다. 상상이 전혀 안 된단다.

이런 곳에서 건축 잡지에나 볼 수 있는 건물이 지어진 것이다. 사방으로 통유리 창문이 둘러지고 안이 훤히 보이는 획기적인 2층 빌딩이다. 주위 건물하고는 어울리지 않는 양식이다. 이런 오지에서 초현대식 건물이 세워졌다는 것만도 빅 뉴스거리다. 내부로 들어가 보았다. 에어컨까지 갖추고 멋진 집기들과 응접세트로 내부를 꾸민 걸 보면 개인 사무실은 아니다. 직원들도 여느 직원들과 달라 보였다. 화이트칼라 차림에 친절한 미소까지 띄우면서 손님을 맞이한다. 통신사 대리점 건물이다.

도시 번화가에서나 접할 수 있는 여러 상황들을 섬에서 접하니 무척이나 낯설어 보인다. IT 강국에서 온 나그네 느낌이 이 정도면 현지인들은 얼마나 신기하고 놀랄 일일까. 거대 통신 시장의 여파가 여기까지 몰려왔다는 신호탄이다.

휴대폰은 섬에서도 고가 소모품으로 대접받는다. 학생들이나 청년들은 다른 소비를 줄이고 알바를 해서라도 신제품을 장만하려 든다. 휴대폰이 없으면 아무 일도 못하는 소위 바보 취급을 받고 있다. 생활에 없어서는 안 되는 필수품이자 몸의 일부다. 이제 섬 주민들도 휴대폰을 떠나서는 살 수 없는 세상으로 떠밀려오고 있다. 이곳도 집전화보다 휴대폰이 먼저 보급이 됐다. 좋아하는 음악이나 동영상을 다운 받아 듣고 보는 것도 극히 일상적인 일이다. 사뜨라 수도사들 손에도 휴대폰이 붙어 다닌다. 춤꾼들이 퍼포먼스 할 때 보니까 한쪽 구석에 놓고 있는 걸 볼 수 있었다. 그러다 쉬는 시간이면 먼저 휴대폰부터 열어보는 것이었다.

휴대폰 없던 시절이 까마득한 원시 시대처럼 생각이 드는 이유는 뭘까. 너무나 편하고 요긴해서 불편했던 시절은 잊어버리게 되는 것 같다. 언젠가 TV에서 농부가 농사일을 하면서도 휴대폰으로 통화하고 있는 장면을 본 일이 있는데, 지구촌 어디나 예외는 없겠다.

아주 오래전 한국 도심에 전화상점이 들어와 있었다. 집집마다 전화가 귀했던 시절, 수화기와 번호를 사고팔던 곳이다. 당시 '백색 전화, 청색 전화'라고 했던 전화는 고가품이자 재산 목록이었다. 인제는 영화 <시네마 천국>에나 나올 몇 컷의 흑백사진처럼 추억의 명물이 됐지만.

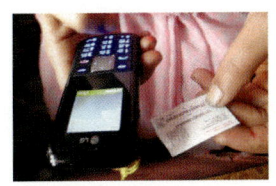

지금 3개 통신사 대리점이 그 자리를 대신하고 있다. 단순히 전화만 걸고 TV 보고 전기불만 들어오면 되던 세상에서 손바닥 크기의 휴대폰 하나로 모든 통신 수단이 해결되는 세상으로 가고 있다. 가히 혁명이라 할 수 있다. 그런데 혁명이란 게 속도전에 목숨을 걸고 있다는 것이다. 덩달아 문명도 가속해서 가고 있다. 그런 문명은 현대인에게 안락함을 제공해준다고 선전한다. 그래서 속도에 취한 사람들일수록 더 편해지려고 안달이다. 패스트 라이프(Fast life) 따라가기에 안간힘을 쓴다. 그 속에서 살아남으려고 헉헉댄다. 빠르지 않으면 불안하단다. 편안할수록 여유로워져야 되는데 말이다.

페터 보르샤이트(Peter Borscheid)가 쓴 『템포 바이러스』는 '속도는 과연 행복한 질주일까?'라는 의문을 던지고 있다. 인생에서 가장 아름다운 시간을 보내는 데는 시계가 필요 없다. 중요한 것은 시간이 주는 혜택을 이용하는 것이다.

태초에는 오직 느림만 있었을 뿐이다. 사람들은 자연에 따라서 해가 뜨면 일어나 일하고 해가 지면 일을 끝내는 식이었다. 자연이 먼저 진화한 다음, 인간이 자연에 따라 진화한 것이다. 이젠 이런 사이클도 속도전에 밀려나갈 판이다. 사람보다 기계가 앞서 진화하고 있다. 휴대폰을 넘어 인터넷 통신 시장이 가속화하고 있다는 얘기다.

"인터넷 할 줄 아세요?"

순간 나도 모르게 툭 튀어나온 말이다. 자연에 따라서 사는 사람들에게 컴퓨터가 뭐가 그리 대단하다고. 아직 관공서에서도 들어오지 않은 컴퓨터다. 숙소에 돌아온 이후에도 무심결에 내뱉은 말이 두고두고 후회가 되었다.

자연을 닮은 마줄리는 유난히도 느린 도시다. 주민들의 말이나 동작도 풍경 따라 느리게 흘러간다. '느림' 하면 인도인을 빼놓을 수 없다. 늘 한 박자 천천히 가는 사람들이다. 그런 가운데서도 마줄리 시계는 더 천천히 가는 것 같다.

문명의 속도에 반비례하지만 앞으로도 느림이 가능한 곳이 이곳 섬이다. 느리게 가면 생각이 여유로워지고 빨리 가면 생각 할 틈이 없어진다. 현대인이 앓고 있는 조급증도 가속도가 원인이다. 내가 현장에 있다 보니까 한 박자만 속도를 줄여도 더 많은 것을 볼 수 있다는 진단이 나왔다.

지구촌 어디나 문명과 속도라는 물길을 피해갈 수는 없다. 거꾸로 가는 마줄리 시계도 언젠가는 앞으로 갈 것이다. 안타까운 것은 사람들이 문명의 덫에 걸려 느리게, 덜하는 법을 알지 못할까 봐서다.

속도를 거역하면서까지 아날로그를 고집하는 사람들이 시대에 뒤처지는 사람들일까? 21세기의 화두로 행복지수가 떠오르는 요즈음, 과연 누가 더 행복할까?

---

* 인도 최고의 영화배우

함께해요, 마줄리 사랑

어느덧 세월이 지나가고 있다. 가끔은 비가 오고 가끔은
태양이 눈부셨다. 나는 같은 밤, 같은 아침을 수십 번 맞이했고
이제 집에 갈 일만 남았다. 떠나기 위해 오지 않았던가. 하늘에
는 맑은 햇살과 뭉게구름이 어우러져 있다. 모든 것이 여유롭고
상쾌하게 다가오고 있다. 마줄리는 내게 마지막 순간까지 아름
다움을 선사할 모양이다.

지금 나는 자연을 몸소 걷고 있다. 그 길은 옛날이나 지금이나
별반 다를 바 없는 풍경이다. 스스로 자라난 잡초처럼 길은 어느
하나 닮은 게 없었다. 굽었다 넓어지고, 뻗는가 하면 구부러졌
다. 길을 잃을까 지레 겁낼 필요도 없었다. 헤맸던 만큼 많은 볼
거리와 좋은 사람들을 만났다. 나야말로 도자기 마을에서 길을
잃은 적이 있지만 사람 사는 데에는 언제나 사람이 도와주었다.
배낭 하나 둘러메고 자연을 바라볼 때 나는 행복했다. 누구의
간섭도 받지 않고 마음 따라 걷고 있는 나를 발견할 때 마냥 즐
거웠다. 색다른 풍경이 보여주는 궁금증과 설렘이 나를 짜릿하
게 했다. 이런 쾌감은 내가 살아있음을 느끼게 하는 고마운 존
재들이다.

마줄리는 '자연' 하면 떠오르는 이미지를 모두 품고 있다. 눈이

시린 파란 하늘과 울창한 숲, 각양각색의 꽃들과 새들의 노래, 끝없이 펼쳐진 평야와 열대 나무, 거대한 강과 모래톱. 이 정도면 자연이 넘친다고 하겠다. 한술 더 떠 숲 빛, 물빛 같은 자연색을 닮은 사람들이 있었다. 이파리 하나에도 신께 감사하는 마음이 담긴 사람들이다.

풍부하지도 그렇다고 부족하지도 않은, 꼭 필요한 것만 있는 섬 사람들이 부러워지는 이유는 무엇일까. 사는 데 꼭 필요한 걸 종이에 써 보라면 과연 몇 개나 될까. 문명의 혜택을 누리고 있는 나이지만 나는 늘 피곤했던 것 같다. 나를 지치게 했던 것은 원하는 게 없어서가 아니라 원하는 게 너무 많았던 탓이겠지. 그곳 사람들이 대단해 보이는 것은 주어진 환경을 받아들이며 군더더기 없이 살아가는 모습때문이다.

손거울에 비춰보니 얼굴이 말이 아니다. 검게 그을리고 잔주름이 자글자글하다. 하지만 눈빛만큼은 반짝거렸다. 수도승처럼 맑아진 얼굴을 보니 스스로도 흡족하다. 원 없이 걷고 원 없이 즐겼다. 가슴이 얼어붙는 긴장감은 없었지만 대신 최대한의 평온을 누릴 수 있는 시간이었다.

이러니 내 샌들인들 멀쩡할 리가 없다. 샌들은 다 해어져서 결국 바닥이 드러났다. 그러다 보니 발등은 신발에 덮혀 있는데 발바닥은 땅 위에 바로 닿는 꼴이었다. 이걸 신고 걷느니 차라리 맨발이 낫겠다. 내 모든 여행의 끝은 밑창이 닳아 버린 신발을 벗어 버리는 걸로 마무리 되었다. 발등을 보니까 얼룩말이 따로 없다. 샌들의 끈이 없는 쪽은 시커멓고 끈이 있는 쪽은 하얬다. 모자와 선그래스를 쓴 코밑도 유난히 그을려 흑백이 선명한 피부 색깔로 변했다.

시간이 흐르고 세계 각국에서 몰려드는 여행자들로 이곳도 서서히 변하는 것은 사실이다. 전통 대나무집이 사라지고 그 자리에 콘크리트 게스트 하우스가 점령한다. 거리에는 영어, 일본어 심지어 한국어까지 난무한다. 조용한 동네에 동대문 쇼핑몰에서나 들을 수 있는 음악이 흐른다. 퓨전이라는 이름을 걸고 국적을 알 수 없는 음식들이 늘어난다. 이것은 인도 여타 주(州)의 실상이다. 마줄리도 언젠가는 이렇게 변할 것이라는 가상 시나리오다. 개발이라는 구실로 산천이 변해가면 다음으로는 민심이 변해갈 것이다.

아직도 뱀부로 다리나 놓고 건물을 보수하는 것을 개발이라고 생각하는 섬 주민들이다. 겉보기엔 검고 눈빛이 강해서 거친 인상을 주지만 속정만은 그만인 사람들이다. 사람과 자연을 연결해주는 마줄리 지킴이들이다. 그들의 미래는 거대한 브라마푸트라 강과 함께 자연이 준 보물섬을 사랑하고 지키는 것이다.

지구에서 마지막 남은 숲의 나무가 쓰러질 때,
마지막 남은 가축의 고기를 먹을 때,
사람은 돈만 가지고는 아무것도 먹을 수가 없음을 깨닫
는다.

어느 인디언의 한탄

에필로그

미지 세계의 문턱에서, 처음에는 단지 그곳에 존재하는 다른 세상이 궁금해 길을 떠났다. 놀람, 그 자체였다. 조용한 자연에서 생긴 그대로의 삶을 살아가는 사람들을 만났다.

북인도의 타지마할 사원, 남인도 스리 미낙시 템플(sri meenakshi temple), 인도의 지도자 마하트마 간디의 스토리…. 그들이 보여주는 드라마틱한 역사가 주는 감동과 감회를 빼놓을 수 없다. 그런데 마줄리 섬이 자꾸만 내 옆구리를 툭, 툭 치는 것이었다. 아무렇지도 않게 내 어깨를 스쳐 지나갔던 사람들이, 그들이 내게 건네던 미소가 자꾸만 마음 한편을 일렁이게 했다. 그것은 재즈 리듬 같기도 했고, 손가락에 남은 옛 애인의 반지 자국 같기도 했다. 무엇보다 기억에 또렷하게 남는 것은 그곳에서 만난 궁핍과 더불어 삶의 질곡을 겪고 있는 사람들의 유순하고, 넉넉했던 눈빛이었다. 그런 눈빛이 어느새 텅 빈 내 마음속을 파고 들어왔다.

세상에 개인의 삶보다 더 생생하고 흥미로운 화제가 있을까. 그들과 이야기를 나누고 수다를 떠는 동안 우리 모두는 다른 목소리, 다른 피부를 가졌지만 희로애락을 느끼는 바탕은 똑같다는 걸 알았다. 나는 과연 그들보다 행복한 삶을 산다고 자신 있게 말할 수 있는가, 스스로 묻게 된다.

머물러 있던 세월은 내게 참 많은 생각거리를 던져주었다. 다시 돌아갔을 때, 울창한 대나무숲과 야생 동물들은 어떤 모습으로 나를 맞아줄까. 시장통의 아주머니들은 또 어떤 얼굴로 나를 맞아주려나. 그들을 생각하면 입안에 혓바늘이 돋은 것처럼 마음이 이상하게 아렸다. 아마 더 겪어 보고, 더 아파 보고, 더 울고 웃어 봐야 몇 마디라도 할 수 있겠지. 인도를 떠나는 비행기 안에서도 이런저런 생각을 지울 수가 없었다.

더 머물고 싶어도, 더 함께하고 싶어도 결국은 떠나야 하는 것이 여행이다. 여행이 좋은 것은 언제든 다시 돌아올 수 있는 회귀성과 안도감이 있기 때문이다. 못내 아쉬운 것은 항상 그 무언가를 알기 시작할 때 우리 여행도 끝난다는 것이다.

이렇게 나의 방황은 끝을 맺었다. 나를 찾아 떠나는 여행에서 나를 비우는 여행이 되어 오롯이 돌아왔다.

살다가 문득 마음이 위태롭다는 자기 안의 목소리를 듣게 될 때, 그가 누구이든 나는 자신 있게 "마줄리 섬으로 가 보세요."라고 권할 것이다.

그럴 때는 이유를 달지 말고 휴대폰과 인터넷을 로그아웃하고 그냥 훌쩍 떠나 보라. 답답함이나 궁금증, 누군가에게 가졌던 섭섭함은 순박한 사람들의 틈 속에서 반딧불처럼 사라지리라.

소설가 안나 가발다(Anna Gavalda)의 말처럼, 인생에서 적어도 한 번은 혼자서 자기 자신과 맞서야 하는 때가 필요하겠다. 여행이라는 길 위의 학교를 가기 위해서는 용기라는 준비물만 있으면 된다. 호기심을 두둑한 밑천 삼아 그저 텅 빈 마음으로 떠나면 된다. 굳이 추가를 하자면 가끔은 내가 나를 응원해주면서 갈 일이다. 여행은 지금까지 경험했던 시간과는 전혀 다른 시간의 흐름에 몸을 맡기는 일이다. 그 시간 속에 슬며시 심장을 올려놓는 일이라고 믿고 있다.

누구든지 떠나 보면 알 것이다. 현대인에게 이 섬이 어릴 적 꿈을 찾아가는 파랑새라는 사실을. 숨겨진 보석 속에는 둥지를 틀고 있는 그들만의 독특한 삶이 배어 있다. 현재를 살아가는 우리에게 마지막 남은 '알토란' 같은 휴식처다.

조급증에 휩싸인 초스피드, 이를 바탕으로 속도전이 만연한 시대에 중독된 사람들을 치유할 수 있는 산소 같은 여행이라면 마줄리 섬이 제격이다.

여행의 주인공은 지금 배낭을 메고 짐을 나서는 바로 당신이다. 여행이 누구에게는 꿈이 되지만 누구에게는 도전이 되기 때문이다.

노래를 부를 때 악보의 쉼표는 일단 쉬었다 가라는 표시다. 쉬지 않으면 끝까지 마칠 수가 없으니까 적당할 때 부호를 넣는 것이다. 우리의 삶도 쉬어야 할 때 쉬지 않으면 어디에선가 넘어지거나 걸리게 된다. 그래서 잠시지만 나만의 쉼표를 찾아 떠난다는 데 더욱 매력을 가진다.

여행지에서의 체험을 눈으로, 본 그대로, 느낀 그대로 전하고자 노력했다. 모든 경험을 발효시켜 또 한 권의 책을 냈다. 그렇다, 책도 '남은 인생의 쉼표'라고도 말할 수 있겠다.
나 스스로에게 무척 대견해 하고 있다.

2011년, 창가에서

덧) 책이 마무리될 즈음, Facebook 친구인 아쌈의 포토그래퍼들에게 나의 책이 알려지게 되었다. 서로 본인들 사진들 싣게해 달라는 행복한 요청을 받게 되었고, Manash Jyoti Dutta의 사진을 여러 장 싣게 되었다. 감사의 마음을 전한다.

오월 김영자

한때는 다운타운에서 마당놀이를 하고 방송국 스크립터와 전통 연극도 할 만큼 젊은 날의 초상은 다채로웠다. 여행을 등지고는 못 사는 김삿갓의 유전자를 닮은 탓에, 잠시 동서양을 넘나드는 유랑만 하며 살았다. 그러다 인도 오지만을 골라 여행을 하게 되었고, 결국에는 천혜의 청정지역인 아마존 루트에 필(feel)이 꽂혀 '아쌈 홀릭'이 된 사람.

인도 여행은 1998년부터 시작해서 지금까지 총 일곱 번을 다녀왔고, 2008년에는 아쌈 차밭에서 3개월간 머물렀다. 그때의 기억과 차밭 여인들의 삶을 다룬 이야기를 『아쌈 차차茶』(2009)라는 제목으로 출간하였다. 어디에 머물던 사람을 사귀고, 친구를 만들고 싶어 한다. 집집이 기웃거리며 주부들과 수다 떨고 '길표' 음식점에서 손님들과 얘기 나누는 것을 좋아한다. 시장 구경만큼은 빼놓지 않고 간다는 저자는 의·식·주 만큼 즐겁고 호기심 생기는 일이 어디 있겠냐고 반문한다. 그래서 틈만 나면 사람 만나는 여행을 하고 있다.

초판인쇄   2012년 4월 20일
초판발행   2012년 4월 20일

지은이   김영자
펴낸이   채종준
펴낸곳   한국학술정보(주)
주소   경기도 파주시 문발동 파주출판문화정보산업단지 513-5
전화   031) 908-3181(대표)
팩스   031) 908-3189
홈페이지   http://ebook.kstudy.com
E-mail   출판사업부 publish@kstudy.com
등록   제일산-115호(2000.6.19)

ISBN   978-89-268-3245-5 13980 (Paper Book)
          978-89-268-3246-2 18980 (e-Book)